# 国家电网
## STATE GRID

# "全能型"乡镇供电所
# 标准化作业

国网安徽省电力有限公司营销部（农电工作部） 编

合肥工业大学出版社

**图书在版编目(CIP)数据**

"全能型"乡镇供电所标准化作业/国网安徽省电力有限公司营销部(农电工作部)编．—合肥:合肥工业大学出版社,2017.10

ISBN 978－7－5650－3557－9

Ⅰ．①全…　Ⅱ．①国…　Ⅲ．①农村配电　Ⅳ．①TM727.1

中国版本图书馆 CIP 数据核字(2017)第 233273 号

"全能型"乡镇供电所标准化作业

国网安徽省电力有限公司营销部(农电工作部)　编

| | | |
|---|---|---|
| 责任编辑 | 张择瑞 | |
| 出版发行 | 合肥工业大学出版社 | |
| 地　址 | (230009)合肥市屯溪路 193 号 | |
| 网　址 | www.hfutpress.com.cn | |
| 电　话 | 理工编辑部:0551－62903204 | |
| | 市场营销部:0551－62903198 | |
| 开　本 | 710 毫米×1000 毫米　1/16 | |
| 印　张 | 18.5 | |
| 字　数 | 329 千字 | |
| 版　次 | 2017 年 10 月第 1 版 | |
| 印　次 | 2017 年 12 月第 1 次印刷 | |
| 印　刷 | 合肥现代印务有限公司 | |
| 书　号 | ISBN 978－7－5650－3557－9 | |
| 定　价 | 40.00 元(含光盘一张) | |

如果有影响阅读的印装质量问题,请与出版社市场营销部联系调换。

# 编 委 会

# 前　言

　　2017 年以来，国家电网公司全面推进"全能型"乡镇供电所建设，乡镇供电所机构、岗位设置和作业模式发生了较大变化。为了建立"全能型"乡镇供电所运行机制，保障各项业务规范开展，国网安徽省电力有限公司营销部（农电工作部）依据现行的相关制度、规程、标准，结合安徽地区乡镇供电所工作实际和员工队伍特点，组织编写了本教材，对乡镇供电所日常主要作业、管理流程进行了梳理和统一，以清晰、简明的形式展现了具体操作步骤和各环节工作内容、基本要求，帮助乡镇供电所各岗位员工熟悉"干什么、怎么干、干成什么样"。

　　本书共分安全管理、运检管理、营销管理和所务管理四个部分，内容包括作业流程、作业说明、作业要求和相关基础知识、标准，并配有相应的试题库和教学片。可作为乡镇供电所岗位培训的教材，也是各级管理部门指导、检查、考核评价相关工作的主要依据。

　　本书在编写过程中得到了国网安徽省电力有限公司有关部门和所属国网合肥、芜湖、马鞍山、蚌埠、宿州、六安等供电公司专业管理和技术人员的大力支持和帮助，国网肥西县、长丰县、芜湖县、阜阳城郊供电公司协助完成了教学片的摄制，在此表示衷心的感谢！

　　由于时间紧、业务面广，本书难免有不足之处，敬请各使用单位和有关人员及时提出宝贵意见。

编者

2017 年 11 月

# 目　录

# 一、安全管理

## 作业 1：安全教育培训

依据《中华人民共和国安全生产法》等国家有关法律、法规和《国家电网公司安全工作规定》等有关规程、制度规定,公司应对员工进行安全生产教育与培训,保证从业人员具备必要的安全生产知识,熟悉有关的安全生产规章制度和安全操作规程,掌握本岗位的安全操作技能,了解事故应急处理的措施,知悉自身在安全生产方面的权利和义务。未经安全生产教育和培训合格的从业人员,不得上岗作业。

## 作业说明

**制定培训计划** 安全质量员根据公司安全教育培训计划,结合反违章和安全日活动实际,制定供电所安全教育培训计划,建立安全教育培训档案,经所长审核同意后执行。

**组织实施** 安全质量员组织员工通过自主学习、集中学习、现场培训等多种方式开展安全教育培训。

**开展考试** 培训结束后,安全质量员针对培训内容组织考试。对考试不合格的员工制定再培训计划,重新组织培训、考试。

**效果评估** 根据考试结果,安全质量员对安全教育培训效果进行评估,提出改进意见和建议,并上报所长。

**考核** 所长将员工的安全教育培训情况纳入绩效考核。

**资料归档** 每次培训结束后,安全质量员应及时更新安全教育培训档案。

## 作业要求

### 1. 制定计划

1.1  安全质量员应根据公司的安全教育培训计划,制定本所的安全教育培训计划。

1.2  安全质量员应根据安全质量监察部下达的安全日活动主题,制定每周安全日活动学习计划。

1.3  安全质量员应针对上级查处或自行查处的违章行为,对涉及违章人员制定安全教育培训计划。

1.4  培训计划应明确培训课程、培训方式、授课人、被授课人等。

1.5  员工每人每年培训不得少于8个学时。

### 2. 组织实施

2.1  安全教育培训可通过自主学习、集中培训、现场培训等方式开展。

2.2  安全教育培训主要根据安全质量监察部下达的安全日活动主题,依托班组安全日活动开展。

2.3  安全教育培训还可采取案例教育、模拟事故分析会、竞赛等多种形式。

2.4  参培人员须在规定时间、培训地点参加培训,并按规定履行签到手续。供电所需留存签到记录、培训资料、现场照片、考试试卷等资料。

### 3. 开展考试

3.1  供电所每月应定期开展一次安规考试。

3.2  每次培训后,宜组织培训人员考试。

### 4. 效果评估

培训、考试结束后,安全质量员要对培训方法、内容、效果等进行评估,提出改进意见和建议。

### 5. 考核

所长将培训考试结果纳入绩效考核,供电所建立员工教育培训考核机制。

### 6. 资料归档

每次培训结束后,安全质量员应及时更新安全教育培训档案。资料主要包括培训通知、培训时间、培训内容、参加人员、培训照片、考试试卷、考核结果等。

## 知识与标准

**标准**

1.1 《中华人民共和国安全生产法》

1.2 《国家电网公司安全工作规定》国家电网企管〔2014〕1117号

1.3 《安徽省电力公司安全教育培训管理规定》（皖电安〔2004〕106号）

1.4 《关于规范班组安全日活动的意见》（皖电安监〔2009〕100号）

# 作业 2:安全工器具管理

为了保证工作人员在生产经营活动中的人身安全,确保电力安全工器具安全使用,规范安全工器具的管理,根据有关规定规程,遵循"谁使用、谁负责"的原则,落实资产全寿命周期管理要求,做到"安全可靠、合格有效"。

## 作业流程

## 作业说明

**需求申请** 安全质量员根据配置标准并结合供电所实际需求,上报安全工器具补充配置申请。

**台账管理** 安全质量员负责对安全工器具台账进行管理,并及时维护。

**培训** 安全质量员组织员工进行安全工器具的使用和管理培训。

**保管与存放** 安全质量员定期对安全工器具进行日常检查、维护和保养。安全工器具的保管及存放,必须满足国家和行业标准及产品说明书要求。

**安全工器具使用** 安全工器具的领用、归还应履行交接和登记手续。使用时应严格执行操作规定,不熟悉操作方法的人员不得使用安全工器具。

**资料归档** 安全质量员应定期整理检查安全工器具管理台账、试验报告、培训记录等资料并及时进行归档。

## 作业要求

### 1. 需求申请

安全质量员根据规程规定的供电所安全工器具配置标准,结合日常安全工器具损耗情况,向公司安质部上报安全工器具需求申请。

## 2. 台账管理

2.1 安全质量员负责建立、完善安全工器具台账。安全工器具台账主要包括：

2.1.1 安全工器具配置一览表；

2.1.2 安全工器具台账；

2.1.3 安全工器具试验报告；

2.1.4 安全工器具试验记录；

2.1.5 安全工器具检查记录；

2.1.6 安全工器具领用及发放记录。

2.2 安全质量员负责对安全工器具台账进行动态管理，及时维护，做到账、卡、物一致。试验报告、检查记录等齐全。

## 3. 培训

3.1 安全质量员每年应至少组织一次安全工器具使用方法培训。

3.2 凡在工作中需要使用安全工器具的工作人员都必须接受培训。

3.3 新进员工上岗前应进行安全工器具使用方法培训。

3.4 新型安全工器具应用前，安全质量员应开展针对性培训。

## 4. 保管与存放

4.1 安全工器具的保管及存放，必须满足国家和行业标准及产品说明书要求。

4.2 供电所应设置专门的安全工器具室，且能满足温度、湿度及通风条件的要求。

4.3 安全工器具室应设置安全工器具柜。各类工器具必须进行分类编号，定置存放。

4.4 安全质量员应每月对安全工器具进行全面检查、维护和保养，保持其完好清洁；对不合格或超试验周期的安全工器具应隔离存放，禁止使用。

4.5 安全质量员应按照规程要求对安全工器具进行送检。

4.6 个人使用的安全工器具，应由供电所指定地点集中存放。使用者负责管理、维护和保养，安全质量员不定期抽查使用、维护情况。

4.7 安全工器具在运输过程中应防止损坏和磨损。

## 5. 安全工器具使用

5.1 安全工器具领用、归还应严格履行交接和登记手续。

5.2 领用时，安全质量员和领用人应共同检查安全工器具是否合格，合格后，方可出库。归还时，安全质量员和使用人应共同进行清洁整理和检查确认，合格的返库存放,不合格的应另外存放。

5.3 员工现场使用安全工器具时,应严格执行操作规定,不得使用不合格或超试验周期的安全工器具。不熟悉操作方法的人员不得使用安全工器具。

5.4 安全工器具使用时应注意爱护,任何情况下安全工器具均不可作为它用。

5.5 使用中若发现产品质量问题,应及时上报安质部。

# 6. 资料归档

安全质量员应定期整理检查安全工器具台账、试验报告、培训记录等资料并及时归档。

## 知识与标准

### 1. 知识

1.1 安全工器具:安全工器具系指为防止触电、灼伤、坠落、摔跌、中毒、窒息、火灾、雷击、淹溺等事故或职业危害,保障工作人员人身安全的个体防护装备、绝缘安全工器具、登高工器具、安全围栏(网)和标识牌等专用工具和器具。

1.2 安全工器具分类:安全工器具分为个体防护装备、绝缘安全工器具、登高工器具、安全围栏(网)和标识牌等四大类。

### 2. 标准

2.1 《国家电网公司安全工器具管理规定》

2.2 《国家电网公司电力安全工作规程》(配电部分)

**附录:**

附录1:供电所安全工器具配置参考建议(外勤人员)

附录2:安全工器具检查与使用要求

附录3:安全工器具保管及存放要求

**附表:**

附表1:电力安全工器具试验时间一览表

# 作业 3:工作票管理

根据国家电网公司电力安全工作规程的有关要求,工作票是准许在电力设备上进行检修、安装、基建等工作的书面命令,也是明确安全职责,向工作班人员进行安全交底,履行工作许可、监护、间断、转移和终结手续及实施保证安全技术措施的书面依据和记录载体。

## 作业流程

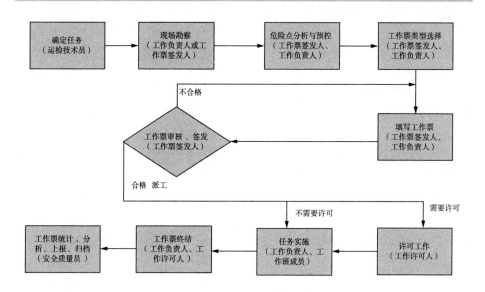

## 作业说明

**确定任务** 运检技术员根据检修计划,确定检修任务。

**现场勘察** 工作票签发人或工作负责人组织相关人员到现场进行勘察,台区客户经理予以配合。

**危险点分析与控制** 工作负责人根据作业需要停电的范围,保留的邻近的带电部位或检修设备可能来电部位,及作业现场交叉跨越、邻近电力线路、多电源、自备电源、地下管线设施等作业条件、环境及其他影响作业的因素进行危险点分析,并对防触电、防高坠、防倒杆断线等提出针对性的安全措施和注意事项。

**工作票类型选择** 根据工作任务类型,正确选择工作票。

**填写工作票** 工作负责人或工作票签发人依据规程、规定要求,填写工作票。

**工作票审核、签发** 工作票签发人对工作票的正确性、规范性进行审核并签发。

**派工** 工作负责人根据工作计划进行派工,安排客户服务班相关人员开展检修作业。

**许可工作** 工作许可人在核实、确认工作票所列安全措施落实到位后,向工作负责人发出许可工作的命令。

**工作任务实施** 工作负责人对工作班成员进行工作任务、安全措施交底和危险点告知,并履行签名确认手续。对工作班成员认真监护,及时纠正不安全行为。

**工作票终结** 工作负责人告知全体工作人员工作结束,材料、工具已清理完毕,工作班人员已从线路、设备上撤离,再命令拆除工作地段所有由工作班自行完成的安全措施。工作负责人向工作许可人办理工作票终结手续。

**工作票统计、分析、上报、归档** 安全质量员对当月执行的工作票进行检查,对工作票进行评价、上报、归档,并按规定至少保存一年。

## 作业要求

### 1. 确定任务

运检技术员根据检修计划,确定检修任务。

### 2. 现场勘察

工作票签发人或工作负责人根据检修任务组织相关人员到现场进行勘察。确定停电范围、工作内容、安全措施、作业方案,并填写现场勘察记录。

2.1 现场勘查内容

2.1.1 工作地点需要停电的范围:包括检修停电设备、配合停电设备以及防止反送电需停电的设备。

2.1.2 保留或邻近的带电部位:保留的邻近带电部位或检修设备可能来电的部位。

2.1.3 作业现场的条件、环境及其他危险点:包括交叉、邻近(同杆塔、并行)电力线路;双电源、自备电源情况;需要增加的临时拉线、加固的杆塔;地下管网沟道及其他影响施工作业的设施情况等。

2.1.4 应采取的安全措施：应装设的接地线、绝缘挡板、围栏、遮栏、标示牌及装设位置。

2.1.5 应采用的作业方案、方法、工序、材料、施工机具等。

2.2 现场勘察应由工作负责人或工作票签发人填写现场勘察记录，勘察人员对勘察结果签字确认。

## 3. 危险点分析与控制

3.1 工作负责人或工作票签发人根据勘察结果，组织相关人员对作业需要停电的范围、保留的带电部位以及作业现场邻近线路、交叉跨越、多电源、自备电源、地下管线设施和作业条件、环境及其他影响作业的因素进行危险点分析，并对防触电、防高坠、防倒杆断线等提出针对性的安全措施和注意事项，编制施工方案。

3.2 运检技术员组织安全质量员工作负责人、工作票签发人以及相关人员等对施工方案进行讨论，并报所长审批。

3.3 施工方案审核通过后，运检技术员将该检修工作纳入公司周检修计划准备实施。

## 4. 工作票类型选择

根据规程、规定正确选择工作票类型。

4.1 以下工作应使用配电第一种工作票：低压配电工作需要将高压线路、设备停电或做安全措施者。

4.2 以下工作应使用低压工作票：

4.2.1 低压配电工作，需要将400伏设备停电或做安全措施，但不需要将高压线路、设备停电或做安全措施。

4.2.2 低压400伏带电作业。

4.3 以下工作应使用安全措施卡：

4.3.1 不需要配电设备停电或做安全措施的400伏配电工作；

4.3.2 低压220伏或非运用中的配电设备检修、安装调试、工程施工、用电检查、竣工验收工作；

4.3.3 在杆塔最下层导线以下进行涂写杆塔号、安装标志牌的工作，并能够保持安规规定的安全距离；

4.3.4 测量接地电阻；

4.3.5 砍剪树木。

4.4 配电线路、设备故障紧急处理应填用工作票或配电故障紧急抢修单。

## 5. 填写工作票

5.1 公司周检修计划下发后，客户服务班做好检修前的准备工作。

5.2 工作负责人根据检修任务、现场勘察、风险评估结果填写工作票。工作票一般由工作负责人填写,也可由工作票签发人填写。

5.3 工作票填写应严格按照规程、规定要求填写,其中工作票中停电范围、安全措施等内容填写应以现场勘察记录为依据。

## 6. 工作票审核、签发

6.1 工作票签发人根据作业任务对工作的必要性和安全性、工作票所列安全措施是否正确完备、所派工作负责人和工作班成员是否适当、充足进行审核。

6.2 公司系统发包的工程、公司系统人员到用户配电设备上工作等宜实行"双签发"。

6.3 低压工作票可在进行工作的当天预先交给工作许可人;故障紧急抢修单可在抢修工作开始前直接交给工作许可人。

6.4 工作许可人收到工作票后,应认真进行审核。对工作票所列内容发生疑问时,应向工作票签发人询问清楚,必要时予以补充,并告知工作负责人。

6.5 需工作许可时,工作负责人和工作许可人分别持有工作票,不需要许可时,由工作负责人和工作票签发人分别持有。

## 7. 派工

供电所负责人根据工作计划进行派工,安排客户服务班开展检修作业。

## 8. 许可工作

8.1 开工前,客户服务班应提前做好作业所需工器具、材料等准备工作。

8.2 现场履行工作许可前,工作许可人会同工作负责人检查现场安全措施布置情况,指明实际的隔离措施、带电设备的位置和注意事项,并在工作票上分别确认签字。

## 9. 工作任务实施

9.1 完成工作许可手续后,工作负责人应向工作班成员进行现场交底,并履行签字确认手续后,方可下令开始工作。

9.2 工作过程中,工作负责人应始终在工作现场监督工作班成员的行为,及时纠正不安全行为。

## 10. 工作票终结

工作结束后,工作负责人确保所有人员已从线路、设备上撤离,场地已清理,接地线已拆除,工作负责人向工作许可人报告,办理工作终结手续。

## 11. 工作票统计、分析、上报、归档

11.1 工作票执行完毕后,工作负责人应交安全质量员。

11.2 安全质量员应每周对本所已执行的工作票进行自查、分析、评价,并针对存在的问题制定整改措施;每周在安全活动日对两票执行情况进行通报。

11.3 安全质量员按月对两票进行汇总、统计,计算两票的合格率,填写"两票自查评价表",上报公司安质部。

11.4 安全质量员每月对本所工作票归档。

## 知识与标准

### 1. 知识

1.1 工作票:工作票是准许在电气设备上工作的书面命令,是明确安全职责、实施保证安全的组织措施,以及履行工作许可、工作间断、转移和终结手续的书面依据。

1.2 现场安全交底会记录:是工作负责人工作前对工作班成员进行危险点告知,交待安全措施和技术措施,并确认每一个工作班成员都已知晓,明确责任和义务的文本。

1.3 工作票双签发:签发工作票时,设备运维单位及施工单位双方工作票签发人在工作票上分别签名,各自承担相应的安全责任。

### 2. 标准

2.1 《国家电网公司电力安全工作规程(配电部分)(试行)》国家电网安质〔2014〕265 号

2.2 《国家电网公司关于印发生产作业安全管控标准化工作规范(试行)的通知》国家电网安质〔2016〕356 号

2.3 《国网安徽省电力公司关于进一步明确乡镇供电所组织机构及岗位设置的通知》皖电人资〔2015〕292 号

2.4 《国网安徽电力安质部关于进一步加强工作票和操作票评价管理的通知》安监工作〔2015〕5 号

**附表:**

附表 2:现场勘察记录

附表 3:国网安徽省电力公司配电故障紧急抢修单

附表 4:国网安徽省电力公司低压工作票

附表 5:国网安徽省电力公司安全措施卡

附表 6:国网安徽省电力公司派工单

附表 7:"两票"月度评价表

# 作业 4：现场安全管理

现场安全管理是指生产区域内开展设备检修、试验、维护、改扩建等作业的安全管控，主要包括月度检修计划编制、现场勘察、施工方案制定、危险点分析、周检修计划上报、工作票（抢修票）填写、安措落实许可、到岗到位监督、现场安全技术交底、现场作业、班后会、工作终结等环节的全过程管理。

## 作业流程

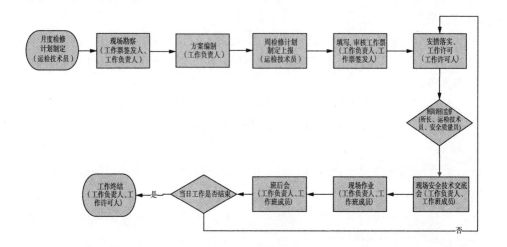

## 作业说明

**月度检修计划编制**　运检技术员根据公司年度检修计划、技改、大修、农网工程计划，制定月度检修计划。

**现场勘察**　工作票签发人或工作负责人根据工作任务组织现场勘察。

**方案编制**　工作负责人根据现场勘察结果，分析作业风险，编制施工方案。

**周检修计划上报**　运检技术员结合现场勘察和作业前期准备情况，编制周检修计划并上报。

**填写、审核工作票**　工作负责人或工作票签发人,根据下发的周计划填写、签发工作票。

**安措落实、工作许可**　工作许可人按照工作票,布置现场安全措施,工作负责人核查,双方签字确认,履行许可手续。

**到岗到位监督**　所长、运检技术员等管理人员到作业现场,检查工作票执行及现场安全措施落实情况,对发现的问题和不安全行为责令整改。

**现场安全技术交底会**　工作负责人组织工作班成员召开现场交底会,对工作班成员进行任务分配、安全技术措施和危险点告知,确认每个工作班成员知晓,并履行签名确认手续。

**现场作业**　工作班成员按照分工开展现场作业,工作负责人、专责监护人做好监护。

**班后会**　当日工作结束后,工作负责人召集全体工作班成员召开班后会,总结当日工作完成情况和工作中的安全管控情况。

**工作终结**　所有工作结束后,工作负责人会同工作许可人现场核实无误后,办理工作票终结。

## 作业要求

### 1. 月度检修计划编制

运检技术员应按照年度检修计划,并结合反措、技改、大修、市政、农网工程等工作,统筹考虑编制月度检修计划。

### 2. 现场勘察

工作票签发人或工作负责人根据检修任务组织相关人员到现场进行勘察。确定停电范围、工作内容、安全措施、作业方案,并填写现场勘察记录。

### 3. 方案编制

作业方案编制内容包含组织措施、安全措施、技术措施和施工方案等,确定参与各方的工作关系,明确工作组织和分工,提出技术要求,强调安全事项,规范作业方法,根据现场勘察结果制定防范风险的措施。

### 4. 周检修计划上报

周检修计划报送前应充分考虑班组承载力,严禁超承载力安排工作计划。

### 5. 工作票填写、审核

按照工作票管理流程,填写、审核、签发工作票。

### 6. 安措落实、工作许可

6.1 工作许可人要确认工作票所列安全措施是否正确完备,对工作票所列内容发生疑问时,应向工作票签发人询问清楚,必要时予以补充。

6.2 工作许可人应保证其负责的安全措施正确实施。

6.3 工作许可人应会同工作负责人,核查确认现场已完成工作票上所列的安全措施并打钩,确认后,方可发出许可工作的命令。

6.4 用户侧设备检修,需电网侧设备配合停电时,应得到用户停送电联系人的书面申请,经批准后方可停电。在电网侧设备停电措施实施后,由电网侧设备的运维管理单位或调度控制中心负责向用户停送电联系人许可。恢复送电,应接到用户停送电联系人的工作结束报告,做好录音并记录后方可进行。在用户设备上工作,许可工作前,工作负责人应检查确认用户设备的运行状态、安全措施符合作业的安全要求。作业前检查多电源和有自备电源的用户已采取机械或电气联锁等防反送电的强制性技术措施。

### 7. 到岗到位监督

7.1 到岗到位人员应提前熟悉作业现场的工作内容、作业方案。

7.2 到岗到位人员禁止违章指挥,禁止参与作业。

7.3 大型复杂作业,到岗到位人员应与检修施工单位"同进同出"。

### 8. 现场安全技术交底

8.1 每日开工前,工作负责人应组织所有工作班成员召开现场安全技术交底会,主要对以下内容进行交底:

8.1.1 作业任务、作业地点、作业范围、人员分工、技术要求和操作流程;

8.1.2 邻近的带电设备和采取的安全措施;

8.1.3 作业风险与控制措施、其他注意事项以及安全质量要求等。

8.2 工作负责人确保所有工作班成员知晓安全交底的内容后,履行签名确认手续。

### 9. 现场作业

9.1 工作负责人、专责监护人应始终在工作现场。

9.2 现场作业时,作业人员必须正确佩戴安全帽、穿长袖全棉工作服、绝缘鞋等劳动防护用品。

9.3 工作前,作业人员要认真核对线路名称、相序和杆号,防止走错位置。

9.4 接触设备前,要用验电笔验电,认真检查设备带电部位,防止误碰触电。

9.5 工作地段如有邻近、平行、交叉跨越及同杆塔架设线路,为防止停电检修线路上感应电压伤人,应使用个人保安线。

9.6 登杆作业前,作业人员要确认杆根牢固、杆身无横向裂纹,登杆工具良好。登杆过程中,全程使用安全带;翻越有附挂物的电杆时交替使用安全带和二次保护绳;杆体如出现冰霜,未采取防滑措施前,不得登杆工作。

9.7 高空作业时,作业人员要将安全带和二次保护绳分别系在电线杆及固定的构件上;作业过程中要随时检查安全带是否拴牢,防止转移作业位置时失去安全保护,发生坠落。

9.8 高处作业时,应使用工具袋,上下传递物品时应使用绳索传递物件,防止落物伤人,杜绝上下抛掷。

9.9 需要登高上梯时,要确保梯子坚固完整,有防滑措施和限高标识。作业时有专人扶好梯子,肩扛重物时不得上下梯子,两人不能同时在同一梯子上工作,人在梯子上工作时禁止移动梯子。

9.10 砍剪树木时,在待砍剪的树木下方和倒树范围内不得有人逗留。

9.11 现场凡涉及停电、送电、登杆(登高)、邻近带电设备作业工作时,必须有人监护,并严格执行保证安全的技术措施。

9.12 工作票签发人、工作负责人对有触电危险、检修(施工)复杂容易发生事故的工作,应增设专责监护人,并确定其监护的人员和工作范围。专责监护人不得兼做其他工作。专责监护人临时离开时,应通知被监护人员停止工作或离开工作现场,待专责监护人回来后方可恢复工作。专责监护人需长时间离开工作现场时,应由工作负责人变更专责监护人,履行变更手续,并告知全体被监护人员。

9.13 工作期间,工作负责人若需暂时离开工作现场,应指定能胜任的人员临时代替,离开前应将工作现场交待清楚,并告知全体工作班成员。原工作负责人返回工作现场时,也应履行同样的交接手续。工作负责人若需长时间离开工作现场时,应由原工作票签发人变更工作负责人,履行变更手续,并告知全体工作班成员及所有工作许可人。原、现工作负责人应履行必要的交接手续,并在工作票上签名确认。

## 10. 班后会

每日工作结束后,工作负责人应组织召开班后会,总结当天工作完成和现场安全管控情况。对工作中认真执行安全措施的工作班成员提出表扬,对违章作业的工作班成员提出批评,对安全事项提出改进意见,对作业中不安全因素进行分析提出防范措施,并做好记录。

## 11. 工作终结

11.1 工作完工后,应清扫整理现场,工作负责人(包括小组负责人)应检查工作地段的状况,确认工作的配电设备和配电线路的杆塔、导线、绝缘子及其他辅助设备上没有遗留个人保安线和其他工具、材料,查明全部工作人员确由线路、设备上撤离后,再命令拆除由工作班自行装设的接地线等安全措施。接地线拆除后,任何人不得再登杆工作或在设备上工作。

11.2    工作地段所有由工作班自行装设的接地线拆除后,工作负责人应及时向相关工作许可人(含配合停电线路、设备许可人)报告工作终结。多小组工作,工作负责人应在得到所有小组负责人工作结束的汇报后,方可与工作许可人办理工作终结手续。

11.3    工作许可人在接到所有工作负责人(包括用户)的终结报告,并确认所有工作已完毕,所有工作人员已撤离,所有接地线已拆除,与记录簿核对无误并做好记录后,方可下令拆除各侧安全措施。

**标准**

1.1    《国家电网公司电力安全工作规程(配电部分)(试行)》(国家电网安质〔2014〕265号)

1.2    《国家电网公司配网检修管理规定》(国网(运检/4)311—2014)

1.3    《国网安徽省电力公司电网设备停电计划管理规定》(皖电企协〔2015〕46号)

1.4    《安徽省电力公司现场作业标准化管控规定(试行)》(皖电安监〔2010〕350号)

1.5    《国家电网公司关于印发生产作业安全管控标准化工作规范(试行)的通知》(国家电网安质〔2016〕356号)

# 作业5：剩余电流保护装置运维管理

剩余电流保护装置是指电路中带电导线对地故障所产生的剩余电流超过规定值时，能够自动切断电源或报警等功能的装置，是作为其他直接接触防护措施失效或使用者疏忽时的附加防护。规范农村区域配电台区中剩余电流保护装置的安装与配置，提高台区保护的安装率、投运率，发挥剩余电流保护装置的效能，能够更好地保障人民群众的人身安全。

## 作业流程

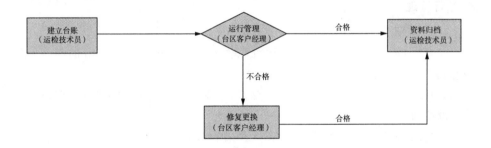

## 作业说明

**建立剩余电流保护装置台账**　运检技术员应牵头建立剩余电流动作保护装置总保护、中级保护、户保（简称"三级漏保"）台账，将数量、安装地点、设备参数、投运时间等进行登记。

**运行管理**　台区客户经理负责对辖区内投入运行的"三级漏保"进行试跳或巡视。其中，每季度对台区总保和中保进行一次测试，每半年对其负责的用户户保检查一次，并填写测试记录。

**修复更换**　对测试中发现不合格的总保和中保，客户服务班应及时进行修复或更换；对于不合格的户保，由台区客户经理下达《家用漏保告知书》，督促用户及时更换并负责免费安装，做好延伸服务。

**资料归档**　运检技术员负责整理、检查剩余电流动作保护装置台账、测试记录、资料等，及时更新并归档。

## 作业要求

### 1. 建立剩余电流保护装置台账

运检技术员根据设备运维情况,组织客户服务班建立、完善剩余电流保护装置(三级漏保)台账。

1.1 对于新建台区,台区客户经理牵头在设备投运前组织对剩余电流保护装置安装情况进行验收,并收集相关资料。

1.2 台区客户经理将收集的资料移交给运检技术员,运检技术员建立、完善剩余电流保护装置台账。

1.3 剩余电流保护装置应以台区为单元建立台账,台账应含安装、投运日期、型号、投运情况。

### 2. 运行管理

2.1 剩余电流保护装置的检查巡视

2.1.1 运检技术员结合日常运维工作制定剩余电流保护装置的巡视、试跳计划。

2.1.2 台区客户经理负责台区总保、中保的日常巡视和试跳;总保、中保每季度应进行一次试跳。

2.1.3 台区客户经理负责指导用户对户保进行定期测试,并指导用户正确使用和维护,每半年对全部户保进行一次检查,其中每月抽查比例应不少于20%。

2.2 台区客户经理应将剩余电流保护装置的安装率、投运率、正确动作率检查情况做好记录,并报送运检技术员。

2.3 运检技术员对台区客户经理剩余电流保护装置运维管理工作质量进行抽查。

2.4 运检技术员每年对剩余电流保护装置有效动作次数(包括人身、家畜触电和线路、设备漏电所造成的跳闸次数)和拒动次数(发生事故后保护不动作次数)进行统计分析。

### 3. 修复更换

3.1 总保、中保装置缺陷、故障处理由台区客户经理牵头负责,户保装置由用户负责处理。

3.2 总保、中保装置的修复、更换由台区客户经理根据检查结果,报运检技术员,纳入设备缺陷管理,按照设备缺陷管理流程进行处理。

3.3 对未投运、损坏或拒动的户保,台区客户经理要督促用户及时投运或更换,双方签字确认并留存记录。

### 4. 资料归档

运检技术员负责整理、检查剩余电流动作保护装置台账、测试记录、资料等,及时更新并归档。

### 知识与标准

#### 1. 知识

1.1 剩余电流保护装置:是指电路中带电导线对地故障所产生的剩余电流超过规定值时,能够自动切断电源或报警等功能的装置。包括各类带剩余电流保护功能的断路器、移动式剩余电流保护装置等。亦称漏电保护器,简称漏保。

1.2 总保护:安装在配电台区低压侧第一级剩余电流动作保护装置,亦称总保。

1.3 中级保护:安装在总保和户保之间的剩余电流动作保护装置,亦称中保。分为"三相中保"和"单相中保"。

1.4 户保:安装在用户进线处(在表箱以后,一般在用户家中)的剩余电流动作保护器,亦称家保。

1.5 额定剩余动作电流的选择

1.5.1 总保护额定剩余动作电流选择应在躲过低压电网正常泄漏电流情况下,额定剩余动作电流应尽量选小,以兼顾设备和人身安全的要求。

1.5.2 户保额定剩余动作电流选择应在人身发生触电时不致电击伤亡的限值,一般取 30mA(潮湿场所的电气设备应选用额定剩余动作电流小于 30mA 漏保)。

1.5.3 中保额定剩余动作电流值选择应介于上、下级保护装置额定动作电流之间,其数值根据安装位置、运行经验确定。

1.5.4 农村区域总保额定剩余动作电流一般选择 300mA,中保(表箱进线端处)额定剩余动作电流选择 100mA、中保(表箱出线端处)额定剩余动作电流选择 50mA,户保(末保)额定剩余动作电流选择 30mA。

1.6 剩余电流保护装置的安装

1.6.1 剩余电流保护装置应按规定接线,电源侧和负荷侧不得反接。剩余电流保护装置安装时,必须严格区分中性线(N)和保护线(PE),三极四线式或四极四线式剩余电流保护装置的 N 线应接入保护装置,PE 线不得接入剩余电流保护装置。通过剩余电流保护装置的 N 线不得作为 PE 线接设备外露可接近导体或重复接地。

1.6.2 安装剩余电流保护装置前,配电变压器低压侧中性点的工作接地电阻,一般不应大于 4Ω,但当配电变压器容量不大于 100kV·A 时,接地电阻不应大于 10Ω,电动机及其他电气设备在正常运行时的绝缘电阻不应小于 0.5MΩ。安装地点的对地绝缘电阻晴天时不应小于 0.5MΩ,雨天时不应小于 0.08MΩ。

1.6.3 剩余电流保护装置的开关开断能力应满足分断安装处最大短路电流。保护装置与外接导线的连接必须可靠,避免因接触电阻过大发热烧坏保护装置。外部连接的控制回路,应使用铜芯导线,其截面积不应小于 1.5mm。

## 2. 标准

2.1 《国家电网公司农村低压电网剩余电流动作保护器配置原则》(农安〔2012〕39 号)

2.2 《国网安徽省电力公司关于印发国网安徽省电力公司农村区域配电台区剩余电流动作保护装置配置及安装指导意见和国网安徽省电力公司农村区域配电台区剩余电流动作保护装置运维管理规定的通知》(电运检工作〔2016〕382 号)

**附表:**

附表 8:台区剩余电流保护装置汇总表
附表 9:台区总保台账及测试记录
附表 10:台区中保台账及测试记录
附表 11:台区户保台账及抽查记录

# 作业6:临时用电、自备电源及分布式光伏电源安全管理

目前供电所日常工作中存在不少涉及临时用电、自备电源及分布式光伏电源工作,为了控制工作风险,保证低压电网的安全可靠运行,防止发生人身触电事故风险,规范临时用电、自备电源及分布式光伏电压的安全管理非常必要。

## 作业流程

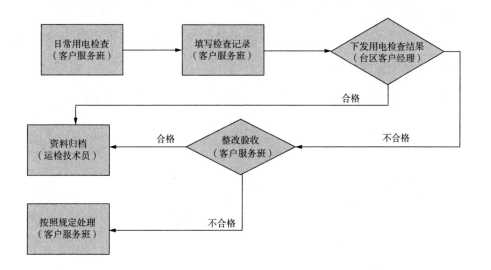

## 作业说明

**日常用电检查** 客户服务班根据运检技术员制定的计划开展临时用电、自备电源及分布式光伏电源的日常用电检查。

**填写检查记录** 客户服务班在临时用电、自备电源及分布式光伏电源检查中,根据检查情况填写用电检查记录。

**下发用电检查结果** 台区客户经理将检查结果以书面形式告知用户。

**整改验收** 客户服务班对用户整改后的设备进行验收。若仍未合格,客户服务班报运检技术员,运检技术员汇总审核后上报公司。

> **资料归档** 客户服务班将临时用电、自备电源及分布式光伏电源管理方面的记录、资料等进行整理、检查,并移交运检技术员。运检技术员对台账进行更新、归档。

## 作业要求

### 1. 日常安全用电检查

1.1 运检技术员应根据用户申请用电情况以及设备检查情况,建立临时用电、自备电源及分布式光伏电源台账,将用户名称、设备编号、安装地点、容量大小、并网点、接入方式等进行登记。

1.2 运检技术员将临时用电、自备电源及分布式光伏电源巡视、检查计划纳入日常低压巡视计划,每月组织客户服务班开展用电检查。

1.3 用电安全检查的主要内容包括:

1.3.1 执行国家有关电力供应与使用的法规、方针、政策、标准,规章制度等;

1.3.2 进网作业电工的资格、进网作业安全状况及作业安全保障措施;

1.3.3 受电设施安全防护情况;

1.3.4 电受(送)电装置中电气设备安全运行状况;

1.3.5 电气设备预防火试验开展情况;

1.3.6 临时用电用户漏电保护器规范使用及定期试验检查情况;

1.3.7 各电源用户电气或机械闭锁装置配置等防止向电网倒送电措施落实情况;

1.3.8 各电源用户定期启机试验和切换试验情况;

1.3.9 分布式光伏电源单位防雷接地保护、短路保护、过电压保护、过电位保护等保护装置运行情况。

### 2. 填写检查记录

检查结束后,客户服务班根据检查情况填写用电检查记录。

### 3. 下发用电检查结果

3.1 检查结束后,台区客户经理将检查结果以书面形式告知用户。

3.2 检查结果一式两份,客户服务班及用户相关负责人分别签字确认并留存。

### 4. 整改验收

4.1 对于发现的用户设备缺陷,客户服务班应督促用户及时整改。对于已整改的,客户服务班应组织相关人员进行验收确认。

4.2 对于整改后仍存在隐患的,运检技术员应汇总审核后报公司。

## 5. 资料归档

客户服务班将临时用电、自备电源及分布式光伏电源管理方面的记录、资料等进行整理、检查,并移交运检技术员。运检技术员对台账进行更新。

### 知识与标准

### 1. 知识

1.1 临时用电:临时用电主要是指基建工地、农田水利、市政建设等非永久性用电。

1.2 自备电源:自行准备作为供电系统因故停电的备用电源。

1.3 分布式光伏电源:是指在用户所在场地或附近建设安装、运行方式以用户侧自发自用为主、多余电量上网,且在配电网系统平衡调节为特征的发电设施。

### 2. 标准

2.1 《中华人民共和国电力供应与使用条例》(国务院令第 196 号)

2.2 国网安徽省电力公司关于印发《国网安徽省电力公司重要电力客户供用电安全服务管理规定》的通知(皖电企协〔2015〕54 号)

2.3 国网安徽省电力公司关于印发《分布式光伏发电项目并网验收规范》等 4 项省公司新技术标准的通知

### 附表:

附表 12:用电综合检查工作单

附表 13:低压双电源(自备电源)客户台账

附表 14:分布式光伏电源台账

附表 15:重要客户隐患缺陷专项排查统计表

# 作业7：电力设施保护

通过开展电力设施巡视排查，加强电力保护宣传措施等，可以实现电力设施外部隐患风险的预先管控，防止电力设备及有关辅助设施发生外力破坏。

## 作业流程

## 作业说明

**制定电力设施保护工作计划** 安全质量员牵头制定电力设施保护计划，经所长批准后执行。

**电力设施巡视排查** 台区客户经理根据电力设施保护计划，对辖区内的电力设施开展巡视，每月不低于两次。台区客户经理在巡视过程中发现隐患后，要做好记录并上报安全质量员。安全质量员审核汇总所有台区客户经理上报的电力设施隐患记录后，上报设备运维管理单位。

**隐患治理** 台区客户经理要积极协助设备运维管理单位开展隐患治理。

**开展宣传** 台区客户经理应配合设备运维管理单位完善电力设施保护标识标志，采取各种形式开展宣传教育活动，提高辖区内群众对电力设施保护的意识。

**资料汇总** 安全质量员对本所电力设施保护工作信息进行统计、分析、汇总并按期上报。

## 作业要求

### 1. 制定电力设施保护计划

安全质量员应根据地区、季节特点，制定符合工作实际的电力设施保护巡视排查计划。

## 2. 电力设施巡视排查

2.1　根据电力设施保护职责,台区客户经理应根据巡视排查计划,检查电力设施及其保护区内是否存在危害电力设施的行为。危害电力设施的行为主要包括:

2.1.1　向电力线路设施射击;

2.1.2　向电力线路抛掷异物;

2.1.3　在架空导线两侧 300 米的区域内放风筝;

2.1.4　擅自接用电设备、擅自攀登杆塔或在杆塔上架设电力线、通讯线、广播线和安装广播喇叭;

2.1.5　利用杆塔拉线作起重牵引抛锚;在杆塔、拉线上拴牲畜和悬挂物体、攀附农作物;

2.1.6　在杆塔、拉线基础范围内取土、打桩、钻探、开挖或倾倒硫酸、碱、盐及其他有害化学物品;

2.1.7　在杆塔内或杆塔与拉线之间修筑道路;拆卸杆塔上器材,移动、损坏永久性标志或标识牌;

2.1.8　在架空电力线路保护区内堆放易飘、易燃等影响安全供电的物品;

2.1.9　电力线路保护区内的树、竹会造成电力线路短路;

2.1.10　电力线路保护区内违章建筑;

2.1.11　电力电缆保护区内违章开挖现象;

2.1.12　电力线路附近垂钓。

2.2　台区客户经理应根据隐患点危急程度合理安排巡视周期。

2.2.1　对于固定施工隐患点,线路附近非保护区内施工期间巡视每天不少于 1 次,线路保护区内施工期间巡视每天不少于 2 次;

2.2.2　在 4 至 6 月白杨、毛竹等速生时段(尤其雨后)每周特巡 2 次;

2.2.3　春、夏季钓鱼高发时段,加强对线下鱼塘、河流巡视,重点区段通道巡视每周不少于 2 次;

2.2.4　爆破作业隐患点巡视每周不少于 1 次。

2.3　台区客户经理在巡视电力设施时,应检查设施的编号、标识、警示牌等,并认真填写巡视记录。

2.4　台区客户经理巡视过程中发现危及电力设施的重大安全隐患时,应立即向设备运维管理汇报,并协助做好隐患治理工作。

## 3. 隐患治理

台区客户经理负责协调设备运维管理单位在隐患治理工作中与当地政府和群众的关系,协助设备运维管理单位开展电力设施隐患治理工作。

**4. 开展宣传**

4.1 台区客户经理应配合设备运维管理单位开展电力设施保护宣传,每年至少开展1次宣传活动。

4.2 台区客户经理利用重大节日、地方庙会等民间活动,采用横幅、展台、展板等形式,通过亲朋好友、微信等渠道,加强电力设施保护宣传。

4.3 充分利用属地优势,配合运维管理单位加强与地方政府的联系与沟通。

**5. 资料汇总**

安全质量员对本所电力设施保护工作信息进行统计、分析、汇总并按期上报。

## 知识与标准

**1. 知识**

电力设施保护是指为防止输电、变电、配电、水电、通信等设施及有关辅助设施发生外力破坏所开展的工作。保护范围包括处于运行、备用、检修、停用和正在建设的电力设施。

**2. 标准**

2.1 《安徽省电力公司输电线路护线管理办法(试行)》(皖电安〔2005〕209号)

2.2 《国家电网公司电力设施保护管理规定》(国家电网企管〔2014〕752号)

2.3 《国家电网公司配网运维管理规定》(国家电网企管〔2014〕752号)

2.4 《国网安徽省电力公司关于印发输电线路防外破工作指导意见的通知》(电运检工作〔2017〕265号)

**附表:**

附表16:安全隐患告知书

# 作业 8：两措计划管理

根据国家电网公司安全、生产相关工作要求，做好年度两措计划的落实。两措计划管理是指从两措计划的制定、实施、验收、总结的全过程管理。

## 作业流程

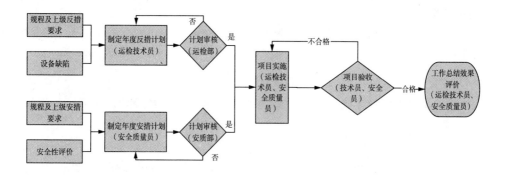

## 作业说明

**年度两措计划编制**　运检技术员负责反事故措施计划编制，安全质量员负责安全技术劳动保护措施计划编制。两措计划的编制应根据上级两措计划要求，并结合平时巡视、检查中发现的设备缺陷、隐患以及安全性评价结果开展。

**项目实施**　按照公司下达的两措项目，运检技术员组织反事故措施项目实施，安全质量员组织安全技术劳动保护措施项目实施。

**项目验收**　运检技术员、安全质量员，分别对项目的实施过程加强监督检查，并将检查情况记入相关记录，对存在的问题及时纠正。两措计划项目完成后，运检技术员、安全质量员配合上级主管部门进行项目验收。

**工作总结效果评价**　运检技术员、安全质量员对通过验收的两措项目，进行总结和效果评价，并形成评价报告。

## 作业要求

### 1. 年度两措计划编制

1.1 运检技术员负责反事故措施计划编制,安全质量员负责安全技术劳动保护措施计划编制。

1.2 反事故措施计划应根据上级颁发的反事故技术措施、需要消除的重大缺陷、提高设备可靠性的技术改进措施、事故防范对策等方面进行编制。

1.3 安全技术劳动保护措施计划应根据国家、行业、国网公司颁发的标准,从改善作业环境、劳动条件、防止伤亡事故、预防职业病、加强安全监督等方面进行编制。

1.4 安全性评价结果应作为制订反事故措施计划和安全技术劳动保护措施计划的重要依据。

### 2. 计划实施

2.1 两措项目实施要严格计划管理,列入供电所工作计划,在规定的期限内完成。

2.2 运检技术员、安全质量员在项目实施过程中,应分别对项目的实施过程加强监督检查,并将检查情况记入相关记录,对存在的问题及时纠正。

2.3 运检技术员、安全质量员应每月分别对反措计划、安措计划执行情况统计、上报。

2.4 供电所所长要定期检查两措计划项目的实施情况,对项目实施过程中出现的问题及时进行协调解决。

### 3. 项目验收

两措项目完成后,运检技术员、安全质量员配合公司项目主管部门开展项目验收。

### 4. 工作总结效果评价

两措项目验收合格后,运检技术员、安全质量员要分别从两措计划执行过程、实施效果等方面进行总结和评价,形成评价报告。

## 知识与标准

### 1. 知识

1.1 安措:以改善劳动条件、防止发生员工伤亡事故、预防职业病为主要内容的安全技术措施和职业健康措施。

1.2 反措:以消除设备安全隐患、改善设备健康状况、提高电网设备的安全稳定运行水平、防止电网设备和人身事故为主要目的的事故防范措施。

    1.3    两措:安全技术劳动保护措施,反事故措施两者统称"两措"。

## 2. 标准

    2.1    《安徽省电力公司安全技术劳动保护措施和反事故措施计划监督管理办法》(皖电安监〔2011〕117号)

    2.2    《国家电网公司安全技术劳动保护措施计划管理办法(试行)》(国家电网安监〔2006〕1114号)

    2.3    《国家电网公司安全生产工作规定》(国家电网总〔2003〕407号)

**附表:**

    附表17:两措施项目建议书

    附表18:年度两措计划表

    附表19:两措计划执行情况表

# 二、运维管理

## 作业 9：设备巡视

通过设备巡视，可以及时掌握设备运行状况，在第一时间发现设备存在的缺陷，便于及时采取有效措施消除缺陷，减少设备突发故障的机会，降低设备检修量，提升设备健康水平。

### 作业流程

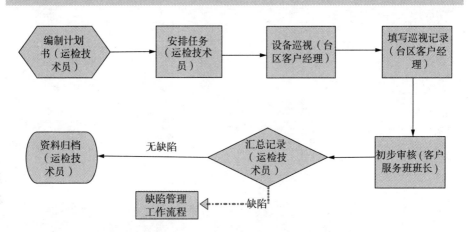

### 作业说明

**编制计划** 运检技术员结合本所月度计划及周工作安排，编制设备巡视计划。

**安排任务** 运检技术员将巡视计划下达至客户服务班，客户服务班班长根据设备管辖范围将巡视计划落实到台区客户经理。

**设备巡视** 台区客户经理根据巡视计划开展设备巡视。

**填写巡视记录** 台区客户经理根据巡视情况填写设备巡视记录,确保记录真实、准确、工整。巡视结束后,将巡视记录交客户服务班班长审核。

**汇总记录** 客户服务班班长初步审核后,将巡视记录交由运检技术员汇总。运检技术员整理、汇总,并填写设备巡视汇总表,将巡视情况录入 PMS 系统。如有缺陷,则转入"缺陷管理工作流程"。

**资料归档** 运检技术员整理完善巡视记录并归档。

## 作业要求

### 1. 编制计划

1.1 按照规定,台区客户经理至少每季度对低压设备和线路巡视一次,特殊巡视和故障巡视应结合实际情况开展。

1.2 运检技术员应结合运行规程、季节特点、设备运行状况以及上级部门有关要求,编制设备月度巡视计划,并通过周安排和日管控落实执行。

1.3 遇有下列情况,应适时增加巡视次数或重点特巡:

1.3.1 设备重、过载或负荷显著增加时。

1.3.2 设备检修或改变运行方式后,重新投入系统运行时或新安装设备投运时。

1.3.3 根据检修或试验情况,有薄弱环节或可能造成缺陷时。

1.3.4 设备存在严重缺陷或缺陷有所发展时。

1.3.5 存在外力破坏或在恶劣气象条件下可能影响安全运行的情况时。

1.3.6 有重要保供电任务时。

1.3.7 其他电网安全稳定有特殊运行要求时。

1.4 对于其他特殊情况下的巡视,运检技术员应根据具体情况,制定针对性的安全巡视方案。

### 2. 安排任务

2.1 运检技术员将巡视计划下发至客户服务班。

2.2 客户服务班班长接到巡视任务后,在工作开展前组织台区客户经理召开班前会议,交代巡视重点内容、安全注意事项等。

2.3 履行派工手续后,台区客户经理按照运维规程要求对所辖配网设备、低压线路、附属设施及通道进行巡视与检查。

### 3. 设备巡视

供电所应全面落实设备主人制度,明确所管辖的每台JP柜、每条低压线路、每个计量箱和每块电能表的设备主人,做到每一台设备都责任到人。

3.1 巡视要求

3.1.1 台区客户经理应熟悉设备运行情况、相关技术参数、周围自然情况及风土人情。巡视设备、线路时,必须严格遵守安规和设备巡视有关规定,确保人身安全。

3.1.2 巡视宜在晴好天气进行。台区客户经理应将巡视内容做好记录,内容根据季节特点有所侧重,发现异常和缺陷应详细记录。

3.1.3 巡视时应在线路上风侧进行,以防触及断落的导线。

3.1.4 夜间巡视时,应携带足够的照明用具,沿线路外侧进行,与供电所之间保持通信联络。

3.1.5 偏远山区、夜间、事故或恶劣天气巡视时,应至少两人一组进行。巡视时应始终认为设备带电,即使明知设备已停电,也应该认为设备随时有恢复送电的可能。

3.1.6 单人巡视时,禁止攀登树木、杆塔和配电变压器台架,禁止修剪树木。

3.1.7 对处于特殊环境的低压线路及设备要根据季节特点强化差异化巡视和重点巡视。

3.1.8 在进行特巡时,台区客户经理应重点对线路接头、线夹、JP柜、配电柜、分支箱内设备接线桩头、母排等部件进行测温和记录。

3.1.9 巡视过程中若发现设备缺陷,应记录在巡视手册上,记录要详细、准确、字迹工整。若发现10kV线路设备缺陷时,应上报运检技术员,由运检技术员统一汇总通知配电队。

3.1.10 巡视过程中发现危及安全的紧急情况,应立即采取防止行人触电的安全措施,报告相关部门及领导,并在现场维持秩序,等待抢修人员到来。

3.1.11 巡视结束后,台区客户经理应及时将巡视记录上交客户服务班班长。

3.2 低压设备和线路巡视项目

3.2.1 低压设备巡视内容

3.2.1.1 JP柜(配电柜)巡视内容

(1)接地、防腐、防水、防盗、箱内封堵、标示标牌、铭牌是否齐全完好;

(2)馈电单元布置是否整齐合理,相序是否一致;

(3)低压断路器、无功补偿装置、计量装置、漏电保护器等设备功能是否正常；

(4)表计回路二次接线是否牢固、规范；箱体内接线端子有无绝缘护套封闭，有无裸露导体；

(5)柜底钢板是否封闭完好；接线图与实际接线是否一致。

### 3.2.1.2 低压电缆分支箱巡视内容

(1)电缆分支箱基础和周围土壤有无损坏、下沉；

(2)电缆有无外露，壳体、锁具有无锈蚀损坏；

(3)箱内有无进水；有无小动物、杂物、灰尘；

(4)电缆搭头接触是否良好，有无发热、氧化、变色现象；

(5)检查电缆搭头相间和对壳体、地面距离是否符合要求；

(6)分支箱内有无异常声音或气味；

(7)分支箱内名称、铭牌、警告标识、一次接线图是否清晰、正确；

(8)箱体内电缆进出线牌号与对侧端标牌是否对应；

(9)电缆命名标牌、相色是否齐全；电缆洞封口是否严密；

(10)箱内底部填沙与基座是否齐平。

### 3.2.2 低压线路巡视内容

### 3.2.2.1 通道巡视内容

(1)线路上有无搭落的树枝、金属丝、锡箔纸、塑料布、风筝等；

(2)线路周围有无堆放易被风刮起的锡箔纸、塑料布、草垛等；

(3)沿线有无易燃、易爆物品和腐蚀性液、气体；

(4)线路下方或附近有无砍伐树木、修房、栽树、施工等危及线路安全运行的行为等；

(5)导线对其他电力线路、弱电线路的距离是否符合规定。

(6)导线对地、道路、公路、铁路、管道、索道、河流、建筑物等距离是否符合规定。

(7)通道内是否存在外破或其他对线路安全构成威胁的情况。

### 3.2.2.2 导线巡视内容

(1)导线有无断股、损伤、烧伤、腐蚀、过热、变形及起泡现象；

(2)导线三相驰度是否平衡，导线的线间距离是否符合规定；

(3)每相的过引线、引下线与邻相的过引线、引下线、导线之间的净空距离，以及导线与拉线、电杆或构件的距离是否符合规定；

(4)导线的绑扎线和连接线夹是否完好、紧固；

(5)与绝缘导线直接接触的金具绝缘罩是否完好，接地环设置是否满足要求；

(6)导线上有无抛扔物。

### 3.2.2.3　杆塔和基础的巡视内容

(1)杆塔有无倾斜、位移、锈蚀；

(2)砼杆有无纵向裂纹和严重横向裂纹及其他严重裂纹、铁锈水,保护层是否完好；

(3)基础有无损坏及下沉,杆塔位置、埋深、防水是否符合要求；

(4)杆塔杆号(牌)、相位牌、3m线等标志和警告标志、防撞标识等安全标识是否齐全、完好；

(5)杆塔附近有无其他影响设备安全的现象。

### 3.2.2.4　横担、金具、绝缘子的巡视内容

(1)横担有无明显倾斜和偏斜；

(2)铁横担和金具有无严重锈蚀、变形及其他异常；

(3)横担上有无鸟窝、绝缘子有无倾斜、部件有无严重锈蚀,瓷质绝缘子有无损伤、裂纹和闪络痕迹,合成绝缘子的绝缘介质有无损伤、脱落；

(4)螺栓、铁脚、铁帽等连接部位应完好紧固。

### 3.2.2.5　拉线的巡视内容

(1)拉线及其附属装置是否完好；

(2)受力是否分配均匀合理,拉线基础是否牢固；

(3)跨越道路的水平拉线对路边缘的垂直距离是否小于 6m；

(4)拉线有无设在妨碍交通(行人、车辆)或易被车撞的地方,无法避免时是否设有明显警示标志或采取其他保护措施；

(5)穿越带电导线的拉线是否加设拉线绝缘子。

### 3.2.2.6　表箱的巡视内容

(1)表箱安装是否牢固,对地距离是否符合规定,不妨碍行人、车辆的通行；

(2)有无被雨水冲刷的现象,固定处的墙体有无破损；

(3)非金属表箱有无老化;金属表箱有无锈蚀、外壳接地是否良好；

(4)表箱外壳有无变形、破损,观察窗是否完整、清晰；

(5)表计安装是否牢固,倾斜度是否符合规定值；

(6)表计、表箱的封印、锁具、标识是否齐全完好；

(7)漏电保护器等功能是否正常。

### 3.2.3　低压电缆线路的巡视内容

### 3.2.3.1　通道的巡视内容

(1)电缆通道上方有无违章建筑物,有无堆置的可燃物、杂物、重物、腐蚀物等；

（2）电缆工作井盖有无丢失、破损、被掩埋；电缆沟盖板是否齐全完整并排列紧密；

（3）隧道进出口设施是否完好，巡视和检修通道是否畅通，沿线通风口是否完好；

（4）有无存在外破或其他对线路安全构成威胁的因素。

3.2.3.2　电缆管沟、隧道内部的巡视内容

（1）结构本体有无变形，各类标识是否完好；

（2）有无存在水灾、火灾、塌陷、盗窃等隐患；

（3）电缆固定及各类连接、固定设备是否完好；

（4）有无存在未经批准的穿管施工。

3.2.3.3　电缆终端头的巡视内容

（1）电缆终端头和支持绝缘子的瓷件或硅橡胶伞裙套有无脏污、损伤、裂纹和闪络痕迹；

（2）电缆终端头和避雷器固定是否牢固；

（3）电缆上杆部分保护管及其封口是否完整；

（4）电缆终端有无放电现象；

（5）电缆终端热缩、冷缩或预制件有无开裂、积灰、电蚀或放电痕迹；

（6）相色清晰是否齐全，接地是否良好。

3.2.3.4　电缆中间接头的巡视内容

（1）中间接头是否密封良好，所在工井有无积水现象；

（2）中间接头标志清晰是否齐全；

（3）连接部位是否良好，有无过热变色、变形等现象。

3.2.3.5　电缆本体的巡视内容

（1）电缆线路标识、编号是否齐全、清晰；

（2）电缆线路排列是否整齐、规范，是否按电压等级的高低从下向上分层排列；

（3）电缆线路防火措施是否完备。

3.3　在巡视过程中，可开展安规规定中允许单人开展的设备保养、带电检测、异物清除、通道清理等维护工作。

## 4. 填写记录

4.1　台区客户经理根据巡视情况填写设备巡视记录，巡视记录要真实、准确、工整。

4.2　巡视记录的内容应包括气象条件、巡视人、巡视日期、巡视范围、设备名称、记录设备运行状况、发现的设备缺陷情况、缺陷类别、通道情况、交叉跨越

变动情况以及外部因素影响情况等。

4.3 巡视过程中发现的设备缺陷,台区客户经理应详细记录,并给出初步处理意见。

## 5. 汇总记录

5.1 台区客户经理将巡视记录上交至客户服务班班长。

5.2 客户服务班班长初步审核后,将记录交由运检技术员汇总。

5.3 运检技术员整理汇总后填写设备巡视汇总表,将巡视结果录入 PMS 系统。有缺陷,则转入"缺陷管理工作流程"。

## 6 资料归档

运检技术员整理完善巡视记录资料并归档。

## 知识与标准

### 1. 知识

1.1 定期巡视:按一定周期对高、低压电力线路和配电台区设备进行的常规巡视,检查是否存在危及线路和设备安全运行的缺陷或隐患,同时对违章建筑、树木、取土开采等进行记录并统计上报。

1.2 特殊巡视:在恶劣气候条件下、灾害发生后以及其他特殊情况下,对线路和设备进行的有针对性的巡视或定点巡视。

1.3 故障巡视:在配电线路或设备发生故障后,为及时查找并消除故障点,恢复正常运行而进行的巡视。

1.4 监察性巡视:为了检查巡视作业人员的工作质量,指导巡视作业人员提高工作水平,同时了解线路和设备的运行状况,供电所所长和专职技术人员不定期进行巡视。

### 2. 标准

2.1 《国家电网公司配网运维管理规定》国网(运检/4)306－2014

2.2 《国家电网公司配网检修管理规定》国网(运检/4)311－2014

2.3 《国网安徽省电力公司关于印发农村配网运维检修集约管理实施意见的通知》皖电人资〔2015〕68 号

2.4 《配电线路运行》国家电网公司生产技能职业能力培训专用教材

2.5 《配电网设备缺陷分类标准》(国家电网科〔2012〕847 号)

# 作业 10:缺陷管理

设备缺陷应从发现到处理实施全过程闭环管理,并按照轻、重、缓、急及时消除设备及电网中存在的缺陷,从而提高设备的健康水平,保障线路、设备的安全可靠运行。

## 作业流程

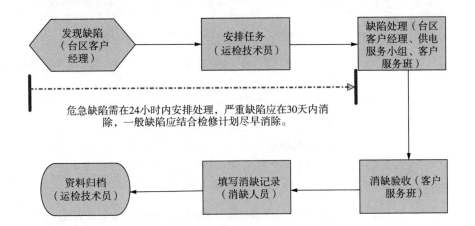

危急缺陷需在24小时内安排处理,严重缺陷应在30天内消除,一般缺陷应结合检修计划尽早消除。

## 作业说明

**发现缺陷** 台区客户经理通过巡视发现缺陷后,应详细记录缺陷情况,提出初步处理意见,并上报客户服务班班长初审后,台区客户经理交运检技术员审核汇总。运检技术员组织人员对缺陷进行分析、定性,并录入 PMS 系统。

**安排任务** 运检技术员根据缺陷情况,制定检修计划并安排消缺。

**缺陷处理** 根据缺陷内容,台区客户经理可以单独消缺的,由台区客户经理独自完成;不能单独完成的,由供电服务小组或客户服务班进行缺陷处理。

**消缺验收** 缺陷消除后,按设备管理职责分工,由客户服务班组织台区客户经理和相关人员进行现场验收。

> **填写消缺记录** 消缺人员在消缺验收后,及时填报设备缺陷处理单。经运检技术员审核无误后,填写消缺记录。运检技术员根据缺陷记录,填写缺陷报表。
>
> **资料归档** 运检技术员从技术层面对缺陷处理工作进行总结分析,并根据缺陷报表补充 PMS 系统相关记录,更新台账及相关资料并归档。

## 作业要求

### 1. 发现缺陷

1.1 台区客户经理巡视发现缺陷后,应对缺陷情况做出详细记录。

1.2 监控值班人员通过监控发现设备异常后,通知台区客户经理到现场进行核实。

1.3 台区客户经理应结合外部环境、设备运行状态等现场现象,给出缺陷消缺初步处理意见。

1.4 台区客户经理将现场缺陷记录上报客户服务班班长,客户服务班班长初审后,台区客户经理交由运检技术员审核汇总,并录入 PMS 系统。

### 2. 安排任务

2.1 运检技术员应根据汇总的缺陷记录,组织相关人员对缺陷进行分析、定性。根据设备缺陷类别和紧急程度,结合设备巡视、检修和农网改造等建设工程情况,编制设备消缺计划,并将设备消缺工作纳入到检修计划内。

2.2 设备消缺应推广和普及带电作业,按照"能不停则不停、能少停则少停"的原则开展。

2.3 缺陷处理的时限

2.3.1 危急缺陷应在 24 小时内消除或采取必要安全技术措施进行临时处理。紧急处理完毕后,运检技术员在 1 个工作日内将缺陷处理情况补录到 PMS 系统。

2.3.2 严重缺陷应采取防止缺陷扩大和造成事故的必要措施,台区客户经理上报后,运检技术员应在 1 个工作日内将缺陷信息录入 PMS 系统内,并在 30 天内安排处理消除。

2.3.3 一般缺陷,台区客户经理上报后,运检技术员在 3 个工作日内将缺陷录入到 PMS 系统。根据工作计划将缺陷消除工作列入检修计划中,并按时消除。处理时限不得超过一个检修周期。

2.4 缺陷消除前,台区客户经理应加强设备巡视和监视,必要时应制定预控措施和应急预案。

2.5 设备检修计划下达后,运检技术员应组织供电所所长、安全质量员、客户服务班相关人员召开会议,明确设备消缺任务、消缺时间、检修级别,合理匹配检修力量,做好各项检修工作的作业风险管控。

### 3. 缺陷处理

3.1 根据检修计划、设备缺陷性质及处理时限要求,消缺人员要做好现场勘察,办理相关票续,布置现场安全措施,开展设备消缺工作。

3.2 对于一些简单缺陷,按照规程规定允许单人操作的,台区客户经理可以单人进行消缺;对于一些复杂的缺陷,应由供电服务小组进行消缺;超出供电服务小组能力范围内的,由客户服务班组织开展设备消缺。

3.3 当台区客户经理现场巡视发现缺陷危及设备或人身安全时,应立即采取安全隔离措施,并逐级向供电所所长、上级运维管理部门、分管领导报告。客户服务班组织人员进行紧急消缺。抢修人员到达现场前,台区客户经理要留守现场做好客户服务工作。

### 4. 消缺验收

4.1 消缺工作结束后,由运检技术员组织台区客户经理和相关人员按照设备验收管理标准开展现场验收。

4.2 现场验收不合格,继续纳入到缺陷管理流程。

### 5. 填写消缺记录

5.1 现场验收合格后,消缺人员填写设备缺陷处理单,经运检技术员审核无误后,填写消缺记录。

5.2 运检技术员根据缺陷记录,填写缺陷报表。

### 6. 资料归档

6.1 消缺结束后,运检技术员要从技术层面对缺陷处理工作进行总结分析,同时根据消缺记录,将缺陷处理情况和验收意见录入 PMS 系统、更新设备台账信息,将相关资料归档,完成缺陷处理流程的闭环管理。

6.2 运检技术员按规定时间向上级报送设备缺陷报表。

## 知识与标准

### 1. 知识

1.1 缺陷:运行中的配电设施,凡不符合运行标准者,都称为设备缺陷。配电设施的缺陷按其严重程度,可分为一般缺陷、严重缺陷、危急缺陷三类。

1.2 危急缺陷:电网设备在运行中发生了偏离且超过运行标准允许范围

的误差,直接威胁安全运行并需立即处理的缺陷,否则,随时可能造成设备损坏、人身伤亡、大面积停电、火灾等事故。

1.3 严重缺陷:电网设备在运行中发生了偏离且超过运行标准允许范围的误差,对人身或设备有重要威胁,暂时尚能坚持运行,不及时处理有可能造成事故的缺陷。

1.4 一般缺陷:电网设备在运行中发生了偏离运行标准的误差,尚未超过允许范围,在一定期限内对安全运行影响不大的缺陷。

## 2. 标准

2.1 《国网安徽省电力公司关于印发电网设备停电计划管理规定的通知》(皖电企协〔2015〕46号)

2.2 《国网安徽省电力公司关于印发农村配网(380/220伏)运维检修业务管理指导意见》(电运检工作〔2015〕340号)

2.3 《国家电网公司配网运维管理规定》(国网(运检/4)306-2014)

2.4 《国家电网公司配网检修管理规定》(国网(运检/4)311-2014)

2.5 《国网安徽省电力公司关于印发农村配网运维检修集约管理实施意见的通知》(皖电人资〔2015〕68号)

2.6 《国家电网公司电网设备缺陷管理规定》(国网(运检/3)297-2014)

# 作业 11:计划(临时)停电

加强电网设备停电计划管理工作,推行综合停电计划管理,强化停电计划的刚性执行,可以最大限度减少设备停电次数和停电时间,降低现场生产活动次数和操作量,提高电网供电可靠率,提升客户满意度。

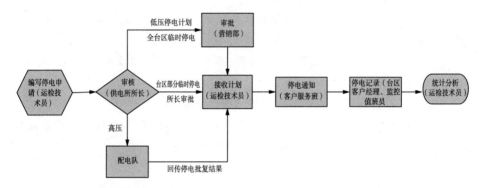

## 作业说明

**编制停电申请**　运检技术员根据月度检修计划、设备缺陷及上级部门工作安排,编制设备停电计划,并报所长审核。

**审核批准**　运检技术员将所长审核后的低压停电计划报营销部审批;涉及高压部分的停电计划,所长审核后,传递至配电队,由配电队纳入其停电计划。整台区的低压临时停电计划报营销部审批;台区部分的低压临时停电计划由所长审批;若需高压设备配合临时停电时,运检技术员将临时停电需求传递至配电队。运检技术员关注批复结果。

**接收计划**　运检技术员将接收的各类批复停电计划,传递至客户服务班,同时向供电服务指挥中心报备。

**停电通知**　台区客户经理按规定时限提前发布停电信息、通知客户。

**停电记录**　台区客户经理和监控室值班人员分别做好停电相关记录。

**统计分析**　运检技术员定期整理、汇总、统计停电记录,做好设备停电情况分析。

## 作业要求

### 1. 编制停电申请

1.1　运检技术员要按照"高低压统筹、分级管控"的原则,编制本所设备停电计划。

1.1.1　高低压统筹是指低压配网计划停电应与 10kV 高压配网计划停电协调配合,统筹安排,避免重复停电。

1.1.2　分级管控是指对涉及到整个台区停电或 JP 柜出线开关的停电与仅涉及低压开关箱、分线箱、表箱的停电进行分级管理。

1.2　农网改造、技改大修、缺陷处理、市政建设等能够预见的停电工作,应纳入计划停电管理。

1.3　运检技术员将编制的停电计划报所长审核。

1.4　因特殊情况,需要临时停电时,台区客户经理将停电需求告知运检技术员,运检技术员填写临时停电申请单,报所长审核。

### 2. 审核批准

2.1　运检技术员将编制的低压设备停电计划报供电所长审核,并将所长审核后的低压停电计划报营销部审批,并关注批复结果。

2.2　涉及高压设备停电的计划,运检技术员将所长审核后的高压停电计划报配电队,纳入到配电队的计划管理。运检技术员关注批复结果。

2.3　对于低压临时停电,需整台区停电时,由运检技术员将所长审核后的临时停电申请单报营销部审批;仅需台区部分停电的,由所长审批。运检技术员将批准的临时停电计划上报供电服务指挥中心,并做好记录。

2.4　若需高压设备配合临时停电时,运检技术员将临时停电需求传递至配电队,由配电队逐级上报,运检技术员关注批复结果。

2.5　停电计划一经批复应严格执行,不得随意更改工作时间、地点、内容、停电范围等。特殊情况下需调整停电计划时应履行审批手续。

### 3. 停电通知

3.1　运检技术员在得到停电计划批复结果后,通知客户服务班,客户服务班班长组织台区客户经理做好停电信息发布工作。同时向供电服务指挥中心报备。

3.2　计划性停电,台区客户经理应提前 7 天通知客户;临时性停电,台区客户经理应提前 24 小时通知客户。

3.3　如因天气等特殊情况,停电工作需要延期或取消时,运检技术员应及时按计划审批流程联系相应部门变更停电计划。同时上报供电服务指挥中心、安全监察质量部备案。

### 4. 停电记录

4.1 台区客户经理将停电工作记录在工作手册中,应包括停电时间、复电时间、停电范围、重要用户名称。

4.2 监控班值班人员将停电工作在值班记录中体现,包括停电时间、复电时间、停电范围、工作内容、客户通知安排。

### 5. 统计分析

运检技术员定期整理、汇总、统计停电记录,对设备停电情况进行分析,归档。

## 知识与标准

### 1. 知识

1.1 计划停电:电网设备列入年度、月度、周的检修停电工作。

1.2 非计划停电:除月度、周计划检修以外的输变配电设备检修停电工作。

### 2. 标准

2.1 《国家电网公司调度计划管理规定》国网(调/4)529－2014

2.2 《国家电网公司电力可靠性工作管理办法》国网(安监/2)105－2013

2.3 《国网安徽省电力公司关于印发电网设备停电计划管理规定的通知》皖电企协〔2015〕46号

2.4 《国网安徽省电力公司关于印发农村配网(380/220伏)运维检修业务管理指导意见的通知》电运检工作〔2015〕340号

# 作业 12:设备检修

设备检修应坚持"应修必修、修必修好"的原则,采用计划检修为主,状态检修和故障检修为辅的检修模式。规范设备检修工作管理,可以提高设备检修质量和设备运行可靠性,合理控制运维检修成本,保障设备安全、可靠和经济运行。

## 作业流程

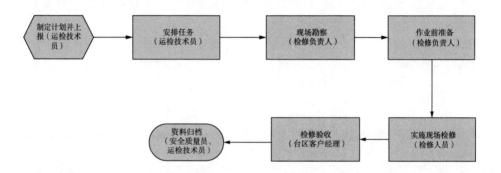

## 作业说明

**制定计划并上报** 运检技术员根据设备运行状况、技改大修项目及反措要求,编制设备检修计划,报所长审核。运检技术员将所长审核后的检修计划上报至营销部,营销部审核批复并发运检部备案。

**安排任务** 运检技术员根据营销部批复的检修计划,下达检修任务给客户服务班。客户服务班班长根据检修任务明确检修负责人,检修负责人按要求办理相关停电手续。

**现场勘察** 检修负责人根据检修计划和检修任务组织做好现场勘察,并根据现场勘察记录确定施工方案。

**作业前准备** 检修工作负责人根据施工方案组织做好检修所需工器具、材料准备工作,履行工作票手续。

**实施现场检修** 检修负责人组织相关人员开展现场检修。

**检修验收** 检修结束后,台区客户经理及相关人员进行现场验收。验收合格,办理工作终结手续。

**资料归档** 工作结束后,检修负责人将已执行的相关票续交安全质量员审核并归档。检修负责人和台区客户经理分别将相关检修记录和台账资料交由运检技术员审核,运检技术员补充完善后归档。

## 作业要求

### 1. 计划制定

1.1 运检技术员根据设备运行状况、技改大修项目及反措要求,编制设备检修计划。检修计划主要分为年度综合检修计划、月度检修计划、周检修计划。年度计划要明确到月,月度计划要明确到周,周计划要明确到天和计划检修时段。

1.1.1 年度综合检修计划应根据状态检修年度计划和公司批复的配网大修计划,结合反措、基建、市政、技改工程等停电时间的要求编制。

1.1.2 月度检修计划应根据年度综合检修计划编制;周检修计划应根据月度检修计划和设备消缺工作要求编制。

1.2 运检技术员将设备检修计划报所长审核,经所长审核后上报营销部。营销部对供电所上报的检修计划进行汇总、审核、批复,并发运检部备案。

1.3 检修计划应刚性执行,若因天气、突发事件等引起计划变更时,应及时履行审批手续。由运检技术员填写变更申请,经所长审核后上报营销部。

### 2. 安排任务

2.1 运检技术员根据批复的检修计划,下达检修任务给客户服务班。

2.2 客户服务班班长根据下达的检修任务,明确检修负责人。

2.3 检修负责人按要求办理相关停电手续。

### 3. 现场勘察

3.1 检修负责人(工作票签发人)根据检修任务组织相关人员进行现场勘察。

3.2 现场勘察内容包括检修范围、停电范围、危险点、作业环境等现场情况。

3.3 检修负责人(工作票签发人)应根据现场勘察结果填写现场勘察记录。

### 4. 作业前准备

检修负责人应充分做好施工前的作业准备工作。

4.1 根据批复的检修、停电计划和现场勘察记录,编制检修施工方案,并报运检技术员审核,所长批准。

4.2 根据安规和两票管理规定办理相关票续。

4.3 至少在施工前一天完成检修所需工器具、材料的准备工作。

## 5. 实施现场检修

5.1 设备检修前,履行工作许可手续。开工前检修负责人召集所有作业人员进行现场交底,交待作业危险点和安全技术措施。

5.2 施工现场材料堆放要整齐,警示标识悬挂摆放要规范,做到文明施工。

5.3 现场作业过程中,检修负责人要按施工现场安全管控要求、作业流程、施工方案,规范作业人员作业中的行为。

5.4 设备检修时应坚持"应修必修、修必修好"的原则。并严格执行配网设备检修工艺的要求,对关键工序及质量控制点进行有效控制。

## 6. 检修验收

6.1 检修结束,现场清理完毕后,台区客户经理及相关人员对检修任务、检修质量、施工工艺进行全面验收。

6.1.1 验收设备及装置是否有缺陷,各项技术性能指标是否达到设计要求,安装质量及施工工艺是否满足相关规范要求。

6.1.2 验收调试试验工程资料是否齐全,所有图纸、技术资料、调试及检验报告是否齐全完整,是否符合有关规范、规定。

6.1.3 验收设备运行标识是否齐全并符合相关标准要求。

6.2 验收合格后,检修负责人办理工作终结手续。

## 7. 资料归档

7.1 工作结束后,检修负责人将工器具、剩余材料和拆回材料进行入室、入库并履行登记手续。

7.2 检修负责人将已执行的相关票续交安全质量员审核并归档。

7.3 检修负责人将相关检修记录交由运检技术员审核,运检技术员根据检修记录补充完善 PMS 系统相关记录后归档。

7.4 台区客户经理将相关台账资料交由运检技术员,运检技术员在 PMS 系统内及时维护台账相关信息,并将台账资料进行归档。

## 知识与标准

## 1. 知识

设备检修分 A 类检修、B 类检修、C 类检修、D 类检修和 E 类检修。

　　1.1　A 类检修:指整体性检修,对配网设备进行较全面、整体性的解体修理、更换。

　　1.2　B 类检修:指局部性检修,对配网设备部分功能部件进行局部的分解、检查、修理、更换。

　　1.3　C 类检修:指一般性检修,对设备在停电状态下进行的例行试验、一般性消缺、检查、维护和清扫。

　　1.4　D 类检修:指维护性检修和巡检,对设备在不停电状态下进行的带电测试和设备外观检查、维护、保养。

　　1.5　E 类检修:指设备带电情况下采用绝缘手套作业法、绝缘杆作业法进行的检修、消缺和维护。

## 2. 标准

　　2.1　《国网安徽省电力公司配电工作票管理规定》安徽(安监)A002-2014

　　2.2　《国家电网公司设备缺陷管理规定》国网(运检/3)297-2014

　　2.3　《国家电网公司配网检修管理规定》国网(运检/4)311-2014

　　2.4　《国网安徽省电力公司农村配网(380/220 伏)运维检修业务管理指导意见(试行)》电运检工作〔2015〕340 号

　　2.5　《国网安徽省电力公司关于印发乡镇供电所优化设置实施意见的通知》皖电人资〔2017〕69 号

# 作业 13：故障抢修

优化故障抢修工作流程，强化抢修流程中人员责任与要求，规范故障抢修工作秩序，可以提高故障抢修效率，减少设备故障停运时间，提升客户满意度。

## 作业流程

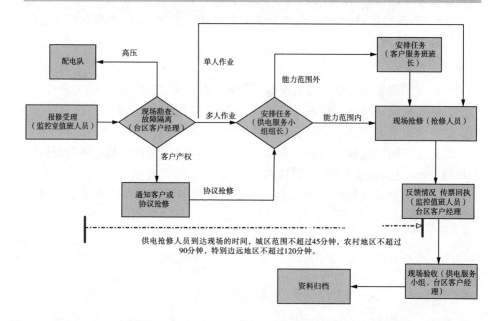

## 作业说明

**报修受理** 监控室值班人员接到 95598 故障报修工单、发现设备异常情况、接到客户直接报修等任务时，填写值班记录，通知台区客户经理。台区客户经理在供电所内时，当面履行派工手续；不在所内时，采用录音电话派工，工作完成后，1 个工作日内补齐派工手续。

**现场勘察及故障隔离** 台区客户经理按时限要求到达现场，履行"首到负责制"。对现场进行勘察，判断故障类型，若是高压故障则反馈至监控室值班员，由监控室反馈至供电服务指挥中心，台区客户经理留守现场做好客户解释和咨询工作。若低压故障满足安规规定可单人作业的，台区客户经理现场开展消缺；若超出单人作业范围的，台区客户经理对故障进行隔离，并将故障原因、停电范围、停电区域及预计恢复时间反馈至监控室值班人员，同时汇报供电服务小组组长。

**安排任务** 供电服务小组组长根据台区客户经理反馈的情况判断小组成员是否可以处理现场故障，若在能力范围之内，则下达抢修任务给小组成员并履行派工手续；若在能力范围之外，则上报客户服务班班长，客户服务班班长根据现场情况下达抢修任务给相关人员并履行派工手续。

**现场抢修** 抢修人员接到抢修任务后，办理相关手续，迅速集结。按时限要求到达现场，做好安全措施，进行故障处理。

**反馈情况** 抢修完成后，台区客户经理联系用户，告知抢修完成，确认恢复供电，回复监控室值班人员。监控室值班人员根据台区客户经理现场反馈情况，回复95598抢修工单和填写值班记录。

**现场验收** 抢修结束后，简单的抢修工作由台区客户经理验收。复杂的抢修工作由供电服务小组组长组织辖区的台区客户经理及相关人员进行现场验收。

**资料归档** 监控室值班人员收集抢修工作传票，抢修人员将安全工器具入室，归还剩余的备品备件，回填值班记录。

## 作业要求

### 1. 报修受理

1.1 监控室值班人员执行24小时值班制度。用户可通过95598电话、台区客户经理电话、供电所抢修电话等渠道进行故障报修。

1.2 监控室值班人员接到95598故障报修工单或故障报修任务及其他报修申请时，填写值班记录、客户需求等，通知台区客户经理。对于非95598故障抢修工单需要向本单位供电服务指挥中心进行汇报。

1.3 监控室值班人员监控系统发现设备异常时，填写相关记录，通知台区客户经理现场核查。

1.4 台区客户经理接到监控室值班人员电话后，若在供电所内，当面履行派工手续；若不在所内，接受录音电话派工。工作完成后，1个工作日内补齐派工手续。

### 2. 现场勘察及故障隔离

2.1　台区客户经理接到监控室值班人员通知后,应按时限到达现场进行现场勘察,履行好"首到负责制",做好客户解释和咨询工作。

2.2　台区客户经理到现场后要结合用户反映的故障信息,开展排查。排查到故障点后,判断故障类型,并回馈监控室值班人员故障原因、停电范围、停电区域及预计恢复时间。

2.3　对于低压故障且满足安规规定可单人作业的,台区客户经理现场开展消缺。

2.4　对于现场故障不符合单人操作的情况向供电服务小组组长汇报。

2.5　对于高压公用线路设备故障或需要配电队配合处理的故障,台区客户经理向监控室值班人员汇报,由监控室值班人员向供电服务指挥中心汇报情况,由供电服务指挥中心向配电队下达抢修或配合任务。

2.6　对于客户产权的故障,台区客户经理通知客户或履行协议抢修。

2.7　台区客户经理在现场时,应采取安全措施保护好现场,防止故障点扩大。

2.8　如台区客户经理确因其他原因不能到现场,应向供电服务小组组长汇报,由其安排供电服务小组其他人员进行现场勘察和隔离工作。

### 3. 安排任务

3.1　可单人进行的作业的故障处理,台区客户经理自行安排处理。

3.2　超出单人作业范围的故障处理,供电服务小组组长根据台区客户经理现场反馈情况,对故障进行分级和抢修范围判断。根据故障等级和抢修范围判断本小组成员是否可以处理,若可以处理,履行派工手续,安排抢修;若故障抢修等级和抢修范围超出小组成员能力,则上报客户服务班班长,客户服务班班长根据反馈现场情况,履行派工手续,安排抢修。

3.3　对于非故障停电(如欠费停电、窃电等)无须到达现场抢修的,应及时移交相关部门处理,并由负责部门在 45 分钟内与客户联系,并做好与客户的沟通解释工作。

### 4. 现场抢修

4.1　抢修人员接到抢修任务后,根据抢修需要正确填写电力事故应急抢修单、准备抢修物料和抢修工器具,按照时限要求到达现场。一般城区范围不超过 45 分钟,农村地区不超过 90 分钟,特殊边远地区不超过 120 分钟。

4.2　抢修人员到达现场后,台区客户经理通过现场服务终端或电话反馈至监控室值班人员,由监控室值班人员汇报供电服务指挥中心抢修到达现场时间。

4.3 抢修人员根据故障情况布置安全措施、明确危险点，履行许可手续后，方可开展现场抢修。

4.4 抢修人员应按照故障分级，优先处理紧急故障。台区客户经理如实汇报抢修进展情况，直至故障处理完毕；预计当日不能修复完毕的紧急故障应及时向监控室值班人员报告；抢修超过4小时的，每2小时向监控室值班人员报告处理进展情况；其余短时故障抢修，向监控室值班人员汇报预计恢复时间。监控室值班人员及时将反馈情况传递至供电服务指挥中心。

4.5 抢修期间，要加强工作监护。严禁现场人员随意中断抢修、推迟送电。确需要中断抢修的，要履行审批手续，并通过多种方式告知用户，争取用户谅解。

4.6 抢修期间台区客户经理应留守在现场，特殊情况台区客户经理离开抢修现场时，由客户服务小组组长指定小组内其他成员和其进行现场工作交接，必须在交接完成后，台区客户经理方可离开。

### 5. 反馈情况

5.1 现场抢修完毕恢复送电后，台区客户经理告知用户故障抢修结束，并请用户确认已恢复供电。

5.2 用户确认供电恢复后，视为抢修结束，台区客户经理汇报监控室值班人员。

5.3 监控室值班人员接到抢修结束汇报后，回复95598抢修工单和填写值班记录。

### 6. 抢修验收

6.1 抢修结束后，客户服务班班长或供电服务小组组长组织台区客户经理及相关人员开展抢修验收工作，验收工作一般在1个工作日内完成。

6.2 验收需要填写验收单，验收内容要包括设备运行状况、抢修质量、使用材料、是否为临时恢复送电情况等。

6.3 验收过程中发现抢修是临时恢复送电，现场尚有缺陷未消除时，应将缺陷纳入缺陷管理。

### 7. 资料回执

7.1 抢修工作结束后抢修负责人将抢修工作单、派工单等资料交给监控室值班人员。

7.2 抢修人员将安全工器具入库、归还剩余的备品备件，完善出入库手续。

7.3 台区客户经理将验收记录交给监控室值班人员。

7.4 监控室值班人员收到验收记录后对用户进行回访,并做好回访记录。

7.5 监控室值班人员将抢修工作单、抢修工作传票、验收单等资料汇总后交给运检技术员。

7.6 运检技术员核实资料信息的完整性和规范性,审核无误后进行归档。

## 知识与标准

### 1. 知识

1.1 故障报修:通过国网客户服务中心 95598 电话、网站等渠道受理的故障停电、电能质量或存在安全隐患需要紧急处理的电力设施故障诉求业务。

1.2 故障分类:以产权分界点,将故障分为两类:客户资产故障、供电企业资产故障。

### 2. 标准

2.1 《国家电网公司供电服务规范》

2.2 《国家电网公司 95598 故障报修处理规范》

2.3 《国家电网公司供电服务"十项承诺"》

2.4 《供电服务规范》GB/T28583－2012

2.5 《国网安徽省电力公司农村配网(380/220 伏)运维检修业务管理指导意见(试行)》电运检工作〔2015〕340 号

2.6 《国网安徽省电力公司关于印发乡镇供电所优化设置实施意见的通知》皖电人资〔2017〕69 号

# 作业 14：配变三相不平衡治理

通过开展配变三相不平衡治理，可以提高配变出力，降低损耗，改善客户端供电质量。

## 作业流程

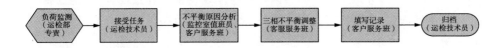

## 作业说明

> **负荷监测** 运检部专责负责对配变三相负荷进行实时监测，并将监测到的连续 3 天出现三相不平衡超标的配变明细，下达至供电所运检技术员。
>
> **接受任务** 运检技术员接到三相不平衡调整任务后，组织相关人员开展原因分析。
>
> **不平衡原因分析** 监控室值班人员和客户服务班分别通过系统核查、现场实测和设备检查，确定引起三相负荷不平衡的原因。
>
> **三相不平衡调整** 根据查明的引起三相负荷不平衡的各类原因，通过系统参数调整、现场负荷调整或设备消缺等手段进行三相负荷不平衡调整。
>
> **填写记录及归档** 调整结束后，客户服务班填写相关记录、收集相关资料，报运检技术员审核并归档。

## 作业要求

### 1. 负荷监测

1.1　运检部专责将连续 3 天出现三相不平衡超标的配变明细，下达至供电所运检技术员。

1.2　监控室值班人员在监控用电信息采集、SG186 营销业务等系统时，发现配变台区三相不负荷平衡情况时，应进行统计分析，并报运检技术员。

### 2. 接受任务

运检技术员接到三相不平衡调整任务后,组织相关人员开展原因分析。

### 3. 不平衡原因分析

3.1 运检技术员首先将三相不平衡台区明细下发至监控室值班员,由监控室值班员判断是否为系统台账信息错误等原因造成系统内三相不平衡。

3.2 监控室值班员认定不是系统原因后,将结果汇报运检技术员。运检技术员安排客户服务班现场核查。

3.3 客户服务班班长安排台区客户经理现场检查计量设备、采集设备、低压线路运行情况,判断是否因计量设备、线路接地、短路等缺陷情况引起的三相不平衡。

3.4 台区客户经理在负荷高峰期现场实测配变出口 A、B、C 三相及零线电流、中性线对地电压值,判断是否由于低压接入负荷原因造成不平衡。

### 4. 三相不平衡调整

4.1 因系统原因造成的三相不平衡,监控室值班人员填写系统参数调整申请单上报营销部处理,并关注处理结果。

4.2 因运维原因导致三相不平衡的应根据现场情况开展综合治理。

4.2.1 对于因用户负荷接入分配不均衡原因导致三相不平衡的,台区客户经理应进行相间负荷调整,平衡配变三相负荷。负荷调整时应按照"先线路末端负荷平衡,再支线负荷平衡,最后台区负荷平衡"的原则依次统筹考虑,切忌单纯追求配变低压侧出线负荷的简单平衡。

对于配变三相负荷不平衡度超标,且已造成配变出口或末端用户出现低电压的,应于 2 个工作日内进行相间负荷调整,并跟踪监测完善,直至三相不平衡度满足规定。对于不平衡度虽然超标,但未造成配变出口或末端用户低电压的配变台区,台区客户经理应于 7 个工作日内进行相间负荷调整,并跟踪监测完善,直至三相不平衡度满足规定。

现场对用户负荷接入进行调整时,台区客户经理首先按照用户的用电性质、用电量对用户进行分类,沿低压线路查清用户所接的相;配变停役后,客户经理从线路首端出发,沿着"主线路"—"分支线路"—"末端用户",观察相序变化规律,查清中性线,走到末端开始调整;对大用户要单独把其三相调平,原为单相供电的,应改为三相四线供电;调整时,只动下户线的相线,不动中性线,以免 220V 接成 380V。

4.2.2 对于低压线路(设备)接地漏电、计量设备、采集器损坏等缺陷导致的三相不平衡问题,台区客户经理逐级汇报至运检技术员,纳入缺陷处理。

4.3 因网架结构原因导致配变三相不平衡的,运检技术员应根据现场勘查结果进行分析,给出治理建议或纳入工程改造。

4.3.1 对于由于配变供电范围较大,部分低压线路供电半径大,布点不在负荷中心的原因导致的,运检技术员应联系配电队,并将治理建议反馈给配电队。

4.3.2 对于因低压线路主干或分支采用单相供电限制引起的台区三相不平衡问题,应考虑纳入线路改造计划。将供电模式改为三相四线制供电模式,延伸至低压用户分接位置,均衡分配负荷。运检技术员将改造申请上报营销部。

4.4 对于因负荷特性问题导致配变三相不平衡的,运检技术员组织台区客户经理根据现场情况开展治理。

4.4.1 对于因特殊负荷随机变化引起三相负荷不平衡的,台区客户经理应综合考虑已有负荷和新增负荷特性,通过运维措施进行治理。

4.4.2 对于因特殊负荷随机变化引起三相负荷不平衡、采取运维管理措施后仍难以治理的配电台区,可采用三相负荷自动调节技术措施进行治理。鉴于无功补偿类相间负荷调节装置无法实现实际负荷均衡分配,对已安装低压无功补偿设备的台区不宜再新增此类装置。

4.5 因其他现场原因引起,且供电所无法立即处理的三相不平衡配变台区,运检技术员将三相不平衡调整工作纳入缺陷管理流程。

4.6 配变三相负荷不平衡调整后,运检技术员及时将调整结果上报运检部。

## 5. 填写记录及归档

5.1 对于调整后达到三相平衡的台区,台区客户经理应及时更新配变负荷台账,内容应包括配变负荷测试记录、负荷分布图、分相用户资料等。

5.2 台区客户经理应及时将调整结果及调整后的负荷资料上报客户服务班,客户服务班班长审核后移交至运检技术员审核归档。

## 知识与标准

### 1. 知识

三相不平衡判定依据:按照《配电网运维规程》(Q/GDW 1519-2014)规定,配电变压器的负荷不平衡度应符合:Yyn0接线变压器负荷不平衡度不大于15%,零线电流不大于变压器额定电流的25%;Dyn11接线变压器负荷不平衡度不大于25%,零线电流不大于变压器额定电流的40%。其中:三相负荷不平衡度=(最大相电流-最小相电流)/最大相电流×100%。

## 2. 标准

2.1 《国网安徽省电力公司配网"低电压"治理技术指导意见》运检工作〔2015〕43 号

2.2 《国网安徽电力运检部关于印发配电变压器三相不平衡治理指导意见》运检工作〔2015〕19 号

2.3 《国网运检部关于开展配电台区三相负荷不平衡问题治理工作的通知》运检〔2017〕68 号

# 作业 15：电压监测

为向客户提供良好的供电质量，全面把控配变出口电压质量，避免出现低电压异常，造成用户困扰或因配变出口电压高引起过电压导致的家用电器烧坏。开展电压监测工作具有十分重要的意义。

## 作业流程

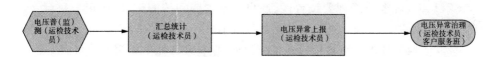

## 作业说明

**电压普(监)测**　运检技术员根据运检部下达的任务安排客户服务班开展电压普(监)测工作。

**汇总统计**　运检技术员组织客户服务班对电压监测结果进行汇总，形成电压普(监)测台账。

**电压异常上报**　运检技术员组织客户服务班相关人员对低(过)电压造成原因进行分析，制定整改措施或解决方案，建立低(过)电压档案，纳入班组运行分析，定期上报运检部和营销部。

**电压异常治理**　运检技术员组织客户服务班相关人员，开展低(过)电压治理，确保客户端电压质量满足要求。

## 作业要求

### 1. 电压普(监)测

1.1　电压普测时间

1.1.1　台区客户经理应选取每年 4 月 10 日－30 日的"长期低电压"暴露期进行电压普测。

1.1.2　台区客户经理应选取每年冬季 1 月 15 日－2 月 5 日、夏季 7 月 20 日－8 月 10 日的 17:00－20:00"季节性低电压"暴露期(高负荷时段)时段进行电压普测。

1.2 电压普测要求

1.2.1 电压普测应涵盖全部公用配变台区出口侧和台区全部低压用户。

1.2.2 可采取在线监测与人工手持电压仪表入户测量相结合的方式,分别组织开展一轮电压质量现场普测。

1.2.3 对于配变出口侧和低压用户侧,可以通过用电信息采集、在线监测等手段获取数据的,不再人工测试,直接抄取相应的时间、电压即可。

1.3 台区客户经理按照电压普测时间和要求开展电压普测工作。

## 2. 汇总统计

2.1 台区客户经理要按台区、逐户建立台账和普测记录,应记录每台、每户测试时间、电压数据。所有普测电压均要有相应的数据备查。

2.2 运检技术员应详细梳理各项数据,核查台区低电压用户数量。

2.3 对于低电压用户数超过台区总用户数的 20% 及以上的台区应引起重视,将此台区列入低电压台区,并形成低电压台区和用户档案。

2.4 低(过)电压用户档案台账要翔实,应包括:每户测试时间、电压数据、用户距离配变的距离、配变距离变电站的距离、高低压线路的线径、低压每相用户数、台区内动力户情况及台区无功补偿装置等信息。

## 3. 电压异常上报

3.1 造成用户侧电压异常的因素主要有:

3.1.1 变电站母线电压异常;

3.1.2 中低压线路供电半径超标;

3.1.3 配变容量不足;

3.1.4 配变低压三相负荷不平衡;

3.1.5 低压线径小等。

3.2 运检技术员根据台区客户经理上报的电压普测的结果,结合台区、用户详细信息分析产生低(过)电压原因。

3.2.1 由于 35kV、10kV 网架原因(35kV 母线电压低、10kV 供电半径大,线路末端电压低)、配变布点不合理等原因造成的低电压,运检技术员将整改建议传递至配电队。

3.2.2 针对台区低压线路线径细、无功补偿缺失、单相供电等原因导致的电压异常,运检技术员上报营销部纳入工程改造。

3.2.3 针对运维原因(三相负荷不平衡、线路接地或短路、无功补偿未投运)等导致的电压异常,运检技术员下发任务至客户服务班,进行电压异常治理。

3.3 运检技术员应将电压异常原因分析及建议,同电压监测结果一并上报运检部。

## 4. 电压异常治理

4.1 运检技术员对于可以通过运维管理措施解决的配变出口侧"低电压"问题,安排客户服务班应协同配电队开展以下运维管理:

4.1.1 因配变三相负荷不平衡导致的低电压,运检技术员组织台区客户经理进行三相不平衡调整。

4.1.2 因配变档位设置不合理导致的低电压,台区客户经理与配电队协同工作,由配变设备主人开展配变分接头档位调整。

4.1.3 对于配变档位、三相不平衡调整后无法消除的配变出口侧"低电压"问题,客户服务班采取无功补偿方式治理。对于容量大于 50 千伏安的配变,无功补偿装置容量按照配变容量的 10%～30% 进行配置。

4.1.4 对于因用采装置异常等原因导致的"低电压",运检技术员应协调采集运维人员及时解决。

4.2 因设备故障造成的低电压,运检技术员应及时安排消缺处理。

4.3 对于供电所通过运维方式无法解决的低电压问题,运检技术员应汇总上报营销部,建议通过设备大修、技改工程进行等工程措施解决。

4.4 异常电压治理结束后,台区客户经理对电压质量进行复测。

## 知识与标准

## 1. 知识

1.1 农村"低电压""高电压"定义

根据《国网农电部关于开展农村"低电压"专项治理月度统计工作的通知》(农安〔2015〕4 号)、根据 GB/T 12325－2008《电能质量 供电电压偏差》之规定,220V 单相供电电压偏差的限值为＋7%、－10%。

过电压:当电压高于 235V 时,定义为过电压;

低电压:当电压低于 198V 时,定义为低电压;

低电压用户:当 220V 用户计量处的电压低于 198V 时,定义该户为低电压用户;

1.2 低电压台区:当配变台区低压出口侧的相电压低于 198V 或台区供电用户中存在 20%及以上的低电压用户时,定义该配变台区为低电压台区。

1.3 低电压治理策略

1.3.1 "低电压"治理应根据科学分析的结果,按照"管理优先,进而工程"的原则,逐一制定变电站、线路、配变台区整改措施。

1.3.2 对于变电站中压母线"低电压"，应优先进行 AVC(VQC)控制策略优化。对于因网架结构、供电能力及无功电压调节能力不足等原因造成的母线"低电压"，应加强输变电设备技术改造，提高变电站中压母线电压质量。

1.3.3 对于中压配电线路末端"低电压"问题，应优先根据线路负荷分布及末端电压情况，优化 10 千伏线路运行方式，合理控制供电半径，确保线路末端电压与额定电压偏差小于 7%。对于优化线路运行方式后无法解决的线路末端"低电压"问题，应考虑采取增加变电站布点、缩短配电线路供电半径、35 千伏配电化、实施配电设备技术改造等措施治理。

1.3.4 对于配变出口侧"低电压"、低压用户"低电压"问题，优先开展配变分接头档位、三相不平衡调整等运维措施，对于运维措施无法解决的"低电压"问题，应根据实际情况采取新增配变布点、改造中低压线路及无功补偿装置、更换有载调压(调容)配变等技术手段进行治理。

## 2. 标准

2.1 《国网安徽省电力公司配网"低电压"治理技术指导意见》运检工作〔2015〕43 号

2.2 《配电变压器分接头档位调整指导意见》运检工作〔2015〕20 号

2.3 《国网安徽省电力公司关于印发农村配网(380/220 伏)运维检修业务管理指导意见》电运检工作〔2015〕340 号

2.4 《国网运检部关于印发配网"低电压"治理技术原则的通知》运检工作〔2015〕7 号

## 附表：

附表 1:配变台区电压普测记录表

# 作业 16：充电桩维护管理

规范供电所辖区内电动汽车充换电设施日常运行、维护管理，可以保障充换电设施运转有序、运行稳定，不断提升充换电设施管理水平。

## 作业流程

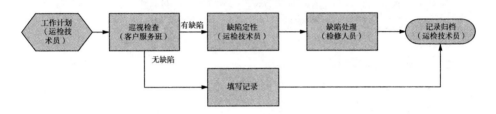

## 作业说明

**工作计划** 运检技术员编制充电桩巡视计划，下发至客户服务班。

**巡视检查** 客户服务班班长按照巡视计划和要求，安排巡视人员对充电桩巡视检查。巡视人员发现缺陷，应在巡视记录中详细记录。巡视人员将巡视结果报客户服务班班长审核。巡视人员将审核后的巡视结果报运检技术员汇总、分类。

**缺陷定性** 运检技术员对客户服务班上报的巡视记录中的缺陷进行分析。供电所消缺能力范围内的缺陷，供电所自行消缺；超出供电所消缺能力范围的，运检技术员上报至营销部。

**缺陷处理** 运检技术员根据充电桩缺陷严重程度、备品备件准备情况将缺陷消除工作纳入检修计划。检修负责人按照检修计划安排开展消缺工作。消缺完成后，运检技术员组织客户服务班人员进行验收。

**记录归档** 运检技术员对巡视记录及检修记录等资料收集、审核并归档。

## 作业要求

### 1. 工作计划

1.1 运检技术员编制充电桩巡视计划，巡视内容包括充电桩巡视和配套供电设备巡视。

1.2 根据充电桩及配套供电设备运行要求,编制巡视细则及注意事项。

## 2. 巡视检查

2.1 客户服务班班长按照巡视要求和巡视计划,安排两名巡视人员共同对充电桩进行巡视。

2.2 充电桩巡视分为正常巡视和特殊巡视。当发生以下几种情况则需要进行特殊巡视:

2.2.1 大风、雾天、雨天、冰雹、冰雪等特殊天气时。

2.2.2 新投运充电桩或经过检修、改造、长期停运后重新投入运行时。

2.2.3 设备运行中发生可疑迹象时。

2.3 充电桩巡视内容

2.3.1 设备底座、支架是否坚固完好,金属部位有无锈蚀,各部位接地是否良好,运行声音有无异常。

2.3.2 连接线接触是否良好,接头有无过热;充电架接触是否良好,接触锁止机构是否完好。

2.3.3 指示仪表和信号指示是否正常。

2.3.4 交流充电桩外观、功能、安全防护等是否正常。

2.3.5 电池箱外观清洁,外壳有无裂痕、液漏。

2.3.6 检查监控系统显示是否正常,计算机等硬件运行是否正常,通信通道是否正常。

2.3.7 检查交换电区,电池存储架和电池检测维护区是否通风良好,照明及消防设备是否完好,温度是否符合要求,有无易燃、易爆物品。

2.3.8 安全和消防器材是否按规定摆放,取用是否方便,消防通道是否畅通。

2.4 巡视人员根据巡视情况填写巡视记录,巡视过程中若发现缺陷应详细记录。巡视结束后,巡视人员将巡视记录上报运检技术员。运检技术员对巡视记录进行汇总、审核。

## 3. 缺陷定性

3.1 运检技术员将巡视记录中的充电桩缺陷进行分析、定性。

3.2 充电桩缺陷若在供电所消缺能力范围内的,供电所自行消缺;超出供电所消缺能力范围的,运检技术员上报至营销部。

## 4. 缺陷处理

4.1 运检技术员根据充电桩缺陷严重程度、备品备件准备情况合理制定缺陷处理计划。

4.2 供电所消缺能力范围内的缺陷,运检技术员安排客户服务班按计划进行消缺。超出供电所消缺能力范围的缺陷,根据营销部的消缺计划,客户服务班配合相关单位完成消缺。

4.3 缺陷处理后,运检技术员组织客户服务班相关人员进行验收。

## 5. 记录归档

运检技术员对充电桩巡视记录、缺陷记录、验收记录等资料收集、审核并归档。

## 知识与标准

## 1. 知识

充电设备按缺陷程度可以分为危急、严重、一般缺陷。

1.1 危急缺陷:指充电装置发生了直接威胁运行,需要立即处理的缺陷。

(1)充换电设备或电池箱绝缘严重破坏;

(2)充电设备母线、线缆过热;

(3)电池箱冒烟;

(4)电池箱极柱温度长时间越限;

(5)电池箱连接器损坏、锁止机构松动;

(6)换电设备承重部件、传动机构断裂、磨损。

1.2 严重缺陷:指对人身或设备有严重威胁,暂时尚能坚持运行,但需尽快处理的缺陷。

(1)充换电服务时监控通信失败;

(2)电池箱温度过高;

(3)充换电设备表面不重要紧固件部分松动,

(4)单体电池容量一致性出现较大偏差;

(5)快换电池箱导向柱弯曲;

(6)接地失效。

1.3 一般缺陷:一般是指危急缺陷、严重缺陷之外的缺陷,指性质一般,情况较轻,对安全运行影响不大的缺陷。

(1)设备不清洁、有锈蚀现象;

(2)配套电源一般缺陷;

(3)其他不属于危急、严重的设备缺陷。

## 2. 标准

2.1 《国家电网公司电动汽车充换电站现场安全管理暂行办法》安监工作〔2012〕6号

2.2 《电动汽车充换电设施运行管理规范》中华人民共和国能源行业标准NB/T33019－2015

2.3 《安徽省电力公司电动汽车充换电网络建设与运营管理规定》皖电营销〔2012〕556

2.4 《电动汽车充换电设施运维服务安全指导意见》（国网电动汽车服务有限公司试行）

# 三、营销管理

## 作业 17：低压业扩

低压业扩工作是指电压等级在 0.4kV 及以下的用电客户新装、增容、变更业务的受理、现场勘查、供电方案确定及答复、业务收费、设计文件审查、竣工检验、供用电合同签订、装表接电、资料归档、服务回访全过程的作业。

### 作业流程

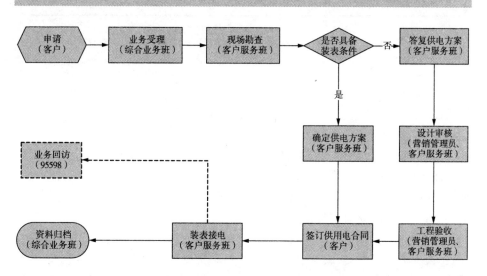

### 作业说明

**申请**　客户可到营业厅、自助系统、95598 电话、95598 网站、手机客户端等渠道申请办理新装、变更等业务。

业务受理　综合业务班负责受理业务,并与客户约定现场勘查时间。

现场勘查　台区客户经理接到派工单后,到客户处进行现场勘查。

装表条件　台区客户经理现场判定是否具备直接装表条件,现场具备直接装表条件的,确定供电方案,由客户签字确认,当场装表接电;不具备直接装表条件的,现场勘查时答复供电方案,由客户签字确认,告知客户待工程竣工验收合格并签订供用电合同后当日装表接电。

设计审核　营销管理员负责组织审核工作,客户服务班及时对设计图纸进行审核,综合业务班在服务承诺时限内答复客户。

工程验收　根据客户的竣工报验申请,营销管理员负责组织台区客户经理等相关人员进行工程验收。

签订供用电合同　验收合格后,台区客户经理负责将供用电合同交予客户签字。

装表接电　客户签字后,台区客户经理负责现场安装计量装置和采集设备,安装完毕后进行接电。

资料归档　综合业务班负责整理所有业务资料进行存档。

## 作业要求

### 1. 客户用电申请

1.1　客户可以通过营业厅、自助系统、95598 电话、95598 网站、手机客户端等渠道办理用电申请。

1.2　低压居民客户提供的申请材料包括:用电人身份证或户口本等有效身份证明(一证受理),并签署"承诺书"。若非本人亲自办理,还须提供委托办理人的有效身份证明。如客户未携带用电人房产证或购房合同等其他证明文书,告知客户在现场勘查时备齐。

1.3　低压非居民客户提供的申请材料包括:用电人有效身份证明(如法定代表人(负责人)身份证或营业执照等)(一证受理),并签署"承诺书"。若非本人亲自办理,还须提供委托办理人的有效身份证明和委托书。如客户未携带法定代表人(负责人)身份证、营业执照或户口本等有效身份证明,房屋或土地合法使用证明等,告知客户在现场勘查时备齐。

### 2. 业务受理

2.1　受理客户用电申请,应主动向客户提供用电咨询服务,接收并查验客户用电申请资料,与客户预约现场勘查时间。

2.2 实行"首问负责制"和"一次性告知"服务方式。业务办理应及时将相关信息录入营销业务系统。

2.3 通过 95598 电话、网站、手机客户端、异地营业厅等渠道受理的用电申请,应在 1 个工作日内将受理工单信息传递至属地营业厅。现场收集的客户报装资料应在 1 个工作日内传递到营业厅。

## 3. 现场勘查

现场勘查,应重点核实客户负荷性质、用电容量、用电类别等信息,结合现场供电条件,初步确定供电电源、计量、计费方案,并填写现场勘查单。完成低压居民客户用电人房产证或购房合同等其他证明文书等资料收集;完成低压非居民客户法定代表人(负责人)身份证或户口本等有效身份证明,房屋或土地合法使用证明等资料收集。

3.1 对申请新装、增容用电的居民客户,应核定用电容量,确认供电电压、计量装置位置和接户线的路径、长度。

对申请新装、增容用电的非居民客户,应审核客户的用电需求,确定新增用电容量、用电性质及负荷特性,初步确定供电电源、供电电压、供电容量、计量方案、计费方案等。

3.2 对现场不具备供电条件的,应在勘查意见中说明原因,并向客户做好解释工作。客户现场如存在违约用电、窃电嫌疑等异常情况,勘查人员应做好现场记录,及时报相关职责部门,并暂缓办理该客户用电业务。在违约用电、窃电嫌疑排查处理完毕后重新启动业扩报装流程。

## 4. 供电方案

依据国家电网公司业扩供电方案编制有关规定和技术标准要求,根据现场勘查结果、电网规划、用电需求及当地供电条件等因素,经过技术经济比较、与客户协商一致后,拟定供电方案。

4.1 0.4 千伏及以下电压等级供电的客户,直接开放负荷,由营销部(客户服务中心)直接编制供电方案并答复客户。

4.2 低压供电方案有效期 3 个月。供电方案变更,应严格履行审批程序,如由于客户需求变化造成方案变更,应书面通知客户重新办理用电申请手续;如由于电网原因,应与客户沟通协商,重新确定供电方案后再答复客户。

4.3 供电方案答复期限:在受理申请后,低压客户在次工作日完成现场勘查并答复供电方案。

## 5. 设计审核

5.1 提前告知客户设计单位应具备资质要求。受理客户受电工程设计文件申请,应审核客户提交资料并查验设计单位资质,设计单位资质应符合国家相关规定。如资料欠缺或不完整,应告知客户补充完善。

5.2 严格按照国家、行业技术标准以及供电方案要求,开展设计图纸文件审查,审查意见应一次性书面答复客户。

5.3 设计图纸文件审查合格后,应填写客户受电工程设计文件审查意见单,并在审核通过的设计图纸文件上加盖图纸审核专用章,告知客户下一环节需要注意的事项。

5.4 设计图纸审查期限:自受理之日起,低压客户不超过 1 个工作日,高压客户不超过 10 个工作日。

## 6. 工程验收

6.1 受理客户提交的竣工报验申请,应审核材料是否齐全有效,与客户预约检验时间,组织开展竣工检验工作。

6.2 竣工检验时,应按照国家、电力行业标准、规程和客户竣工报验资料,对受电工程进行全面检验。对于发现缺陷的,应以受电工程竣工检验意见单形式一次性告知客户,复验合格后方可接电。

6.3 对检查中发现的问题,应以书面形式一次性告知客户整改。客户整改完成后,应报请供电企业复验。复验合格后方可接电。

6.4 竣工检验合格后,应根据现场情况最终核定计费方案和计量方案,记录资产的产权归属信息,告知客户检查结果,并及时办结受电装置接入系统运行的相关手续。

6.5 竣工验收的期限:自受理之日起,高压客户不超过 5 个工作日,低压客户不超过 1 个工作日。

## 7. 签订供用电合同

7.1 根据国家电网公司下发的统一供用电合同文本,与客户协商拟订合同内容,形成合同文本初稿及附件。对于低压居民客户,精简供用电合同条款内容,采取背书方式签订合同。

7.2 供用电合同文本经双方审核批准后,由双方法定代表人、企业负责人或授权委托人签订,合同文本应加盖双方的"供用电合同专用章"或公章后生效;如有异议,由双方协商一致后确定合同条款。

## 8. 装表接电

8.1 现场安装前,应根据审核通过后的设计图纸文件确认安装条件,领取电能表及互感器、采集终端等相关器材,并提前与客户预约装表时间。

8.2 采集终端、电能计量装置安装结束后,应核对装置编号、电能表起度及变比等重要信息,及时加装封印,记录现场安装信息、计量印证使用信息,请客户签字确认。

8.3 接电后应检查采集终端、电能计量装置运行是否正常,会同客户现场抄录电能表示数,记录送电时间等相关信息,依据现场实际情况填写新装(增容)送电单,并请客户签字确认。

8.4 装表接电的期限:对于无配套电网工程的低压居民客户,在正式受理用电申请后,2个工作日内完成;对于有配套电网工程的低压居民客户,在受理用电申请后 12 个工作日内完成;对有特殊要求的客户,按照与客户约定的时间完成。对于无电网配套工程的低压非居民客户,在答复供电方案后,3个工作日内完成装表接电工作;对于有电网配套工程的低压非居民客户,在答复供电方案后,5 个工作日内完成装表接电。

## 9. 资料归档

接电完成后,应在 3 个工作日内收集、整理并核对归档信息和资料,形成资料清单,建立客户档案。同时,每月将公共配变台区低压新增(增容)容量清单报本单位运检部备案。

9.1 纸质资料应保留原件,确不能保留原件的,保留与原件核对无误的复印件。供用电合同及相关协议必须保留原件。

9.2 纸质资料应重点核实有关签章是否真实、齐全,资料填写是否完整、清晰;营销信息档案应重点核实与纸质档案是否一致。

9.3 档案资料和电子档案相关信息不完整、不规范、不一致,应退还给相应业务环节补充完善。

9.4 应建立客户档案台账并统一编号建立索引。

## 10. 客户回访

10.1 业扩客户资料归档后 5 个工作日内,国网客服中心负责通过 95598 电话,开展客户满意度、业务办理时限、业务收费、知情权和选择权的保障情况回访。

10.2 对于回访不满意或回访发现投诉举报的,国网客服中心报国网营销部,国网营销部派发工单,省公司在 5 个工作日内反馈调查结果。

## 知识与标准

### 1. 知识

1.1 供电方案

指由供电企业提出,经供用双方协商后确定,满足客户用电需求的电力供应具体实施计划。供电方案可作为客户受电工程规划立项以及设计、施工建设的依据。

**1.2 业扩工程的"三不指定"**

"三不指定"原则,指严格执行国家有关规范用户受电工程市场的规定,按照统一标准开展业扩报装服务工作,健全用户委托受电工程、新建居住区配套工程招投标制度,保障客户对设计、施工、设备供应单位的知情权、自主选择权,不以任何形式指定设计、施工和设备材料供应单位。

**1.3 供用电合同**

供用电合同是供电人向用电人供电,用电人支付电费的合同。供用电合同明确了供用电双方在供用电关系中的权利与义务,是双方结算电费的法律依据。

根据供电方式和用电需求的不同,供用电合同分为:高压供用电合同、低压供用电合同、临时供用电合同、转供电合同、趸购售电合同和居民供用电合同六种形式。

## 2. 标准

2.1 《国家电网公司业扩报装管理规则》国网(营销/3)378-2014

2.2 《国家电网公司业扩供电方案编制导则》国家电网营销〔2010〕1247 号

2.3 《电能计量装置技术管理规程》DL/T448-2000

2.4 《国家电网公司关于简化业扩手续提高办电效率深化为民服务的工作意见》(国家电网营销〔2014〕1049 号)

2.5 《国家电网公司关于印发进一步精简业扩手续提高办电效率的工作意见的通知》(国家电网营销〔2015〕70 号)

2.6 《国网营销部关于印发变更用电及低压居民新装(增容)业务工作规范(试行)的通知》(国家电网营销〔2017〕40 号)

## 附录:

附录 1:用电业务办理告知书(居民生活)

附录 2:用电业务办理告知书(低压非居民)

## 附表:

附表 1:低压居民生活用电登记表

附表 2:低压非居民用电登记表

附表 3:低压现场勘查单

附表 4:低压供电方案答复单

附表 5:客户受电工程设计文件审查意见单

附表 6:低压客户受电工程竣工检验意见单

附表 7:低压电能计量装接单

# 作业 18：计量采集运维

乡镇供电所负责所辖供电区域内，计量装置及采集设备巡视、故障登记与处理、缺陷记录与处理、现场检测、技术改造、验收和隐患排查治理等日常运维管理工作。

## 作业流程

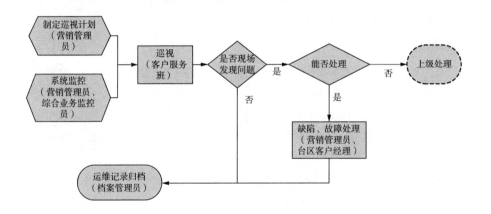

## 作业说明

**制定计划、系统监控** 营销管理员组织客户服务班制定专变用户、公变关口、低压用户采集日常巡视计划；营销管理员、综合业务监控员通过日常系统监控，分析筛选公变关口、低压用户采集出现的异常提醒，派发任务至客户服务班。

**现场巡视** 客户服务班安排台区客户经理开展现场运行设备巡视工作。

**缺陷、故障处理** 若现场发现问题，先由台区客户经理、营销管理员处理解决，若无法处理，应立即上报至上级业务管理单位。

**运维记录归档** 台区客户经理将运维工单、装拆表工单等单据及时传递到综合业务班，由综合业务班形成运维记录进行归档保存。

## 作业要求

### 1. 制定计划、监控

1.1 营销管理员定期组织客户服务班,根据台区(线路)的采集率、线损、采集故障情况等综合因素,制定日常巡视计划及整改计划,安排人员日常巡视。

1.2 营销管理员每日开展日常系统监控,分析筛选公变关口、低压用户采集出现的异常提醒,派发任务至客户服务班;对客户服务班处理不及时的流程派发督办工单,并跟踪异常处理情况。

系统监控内容包括数据采集管理、系统运行状态监视、数据统计、数据分析、数据核对、预付费操作、违约用户停电等。

### 2. 现场运维

客户服务班根据营销管理员派发工作单,安排台区客户经理开展现场运行设备维护工作。

2.1 运维对象包括专变采集终端、低压集中抄表终端(集中器)、采集器及电能表、本地通信信道、接线、计量箱体等。运维内容包括现场设备巡视和故障(或隐患)处理。巡视工作应做好巡视记录,巡视内容包括:

2.1.1 电能表、采集设备、箱门的封印是否完整,计量箱体是否有损坏。

2.1.2 电能表、采集设备的线头是否松动或有烧灼痕迹,液晶显示屏的是否清晰或正常显示。

2.1.3 采集设备外置天线是否损坏,无线公网信道信号强度是否满足要求。

2.1.4 电能表、采集终端等安装环境是否满足现场安全工作要求,有无安全隐患。

2.1.5 检查控制回路接线是否正常,有无破坏。

2.1.6 电能表、采集设备是否有报警、异常等情况发生。

2.2 结合现场抄表、用电检查、轮换抽检等工作,巡视检查电能表运行状态,充分利用用电信息采集系统的监控手段,及时发现并处理异常问题。

2.3 采集设备的现场运维应结合用电检查、周期性核抄、现场校验等工作同步开展。在有序用电期间,或气候剧烈变化(如雷雨、大风、暴雪)后,采集终端出现大面积离线或其他异常时,须开展特别巡视。

### 3. 缺陷、故障处理

3.1 当发现运行中电能表发生故障或有用户反映出现疑似故障现象时,

台区客户经理应现场处理。

3.2　如台区客户经理无法处理的故障,应立即上报营销管理员协同处理。

采集设备的缺陷处理包括:各种类型采集终端上行通信模块接口、本地通信模块接口松动,控制回路断线,天线、485 通信线缆接触不良,终端设备掉线、软件异常、报警、液晶显示屏显示异常,终端箱封印缺失,无线公网信道信号异常等消缺工作;

故障处理包括各种类型集中器、采集器、上行通信模块、天线、本地通信模块、485 通信线缆故障处理、系统性故障处理。

缺陷、故障处理方式主要如下:

3.2.1　更换设备

故障电能计量装置及采集设备的处理和换装,应严格执行《国家电网公司电力安全工作规程》(配电部分)和《装表接电流(规)程》等有关规定,规范、有序地开展现场作业,有效防范安全风险。

3.2.2　主站调试

3.2.2.1　设备通电后检查集中器是否显示上电—联网、注册成功。

3.2.2.2　设置集中器的有关参数,检查集中器显示数据正常;按要求设置电能表 485 通讯地址,核对抄表数据;核对集中器显示的功率是否与表计功率相对应。

3.2.2.3　与主站联系,上报客户的基本情况和计量装置的各项参数,由主站重新下发参数,检查抄表和控制功能是否正常。

3.2.3　带电调试

3.2.3.1　检查户表关系、表计示数关系、表址关系等情况是否正确;检查通讯规约是否符合相关要求。

3.2.3.2　检查电能表、集中器、主站之间的标准时间是否对应一致;检查电能信息采集装置有关采集工作及功能是否正常。

3.2.3.3　检查采集器资产编号、设备型号与台区集中器是否匹配;检查采集器电源线,485 接线口是否安装正确。

3.2.3.4　将相关数据导入营销 SG186 系统,同步到用电信息采集系统,在确认无误后进行参数下发,通电调试上线。

3.3　若现场问题在供电所层面仍无法解决,需立即上报至上级业务管理单位。

3.4　工作时限

3.4.1　电能表发生过负荷烧表、短路烧表等故障抢修,应在 24 小时内完成电能表更换。

3.4.2 更换电能表后,综合业务班应在 2 个工作日内完成营销档案变更流程,以保证后续电费退补工作时限。

## 4. 运维记录归档

4.1 客户服务班应及时完善、反馈现场处理情况资料。

4.2 综合业务班应保存归档客户的巡视记录、计量异常处理工作单、电能计量装置装拆工作单,电量退补工作单,照片等工作资料。

4.3 档案变更包括:客户基本信息变更(包括各类变更用电)、公变台区档案变更、台区运行信息变更、设备更换等。

## 知识与标准

### 1. 知识

1.1 低压台区日均全采集成功占比指采集全覆盖台区下台区总表和低压用户当日采集成功率为 100% 的低压台区,可以按月、季、年统计。低压台区日均全采集成功占比=低压台区全采集成功数量/应采集全覆盖台区数量。

1.2 公变日均采集成功率指按日统计用电信息采集系统成功采集日冻结数据的集中器电表数,与采集系统接入集中器电表总数比值,取其平均值。

1.3 低压用户日均采集成功率,按日统计用电信息采集系统成功采集日冻结数据的低压用户表数,与 SG186 系统低压用户表总数比值,取其平均值。

1.4 采集异常故障按紧急程度分为 I、II、III 级。I 级:属于紧急问题,8 小时以内解决故障;II 级:属于严重问题,24 小时以内解决故障;III 级:属于普通问题,5 天以内解决故障;

1.5 供电所应按照县公司制定的计划,对智能电能表运行后第 1 年、第 3 年、第 5 年抽取部分电能表拆回,送至上一级计量管理部门检验。

### 2. 标准

2.1 《安徽省电力公司计量中心电能表质量核查实施细则》

2.2 《装表接电工作规程》

2.3 《国家电网公司电能表质量监督管理办法》(国网(营销/4)274－2014)

2.4 《国家电网公司电能计量故障、差错调查处理规定》国网(营销/4)385－2014

2.5 《国家电网公司用电信息采集系统运行维护管理办法》国网(营销/4)278－2014

2.6 《国家电网公司计量标准化作业指导书》(国家电网企管〔2013〕889号)

**附表:**

附表8:公变计量设备巡视记录单

附表9:专变计量设备巡视记录单

# 作业 19：装表接电

供电所负责低压用户的计量装置的装、拆、移、换和故障处理工作。

## 作业流程

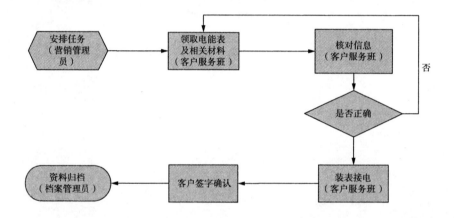

## 作业说明

　　**安排任务**　营销管理员安排工作任务。

　　**领取材料**　客户服务班根据业务需求填写材料申请单，到仓库保管员处领取计量装置和相关材料。

　　**核对信息**　台区客户经理确认电能表资产号等相关信息后并告知客户；核对所领电能计量装置、采集设备信息与现场是否匹配、与工单是否一致。

　　**装表接电**　台区客户经理按工作流程完成电能计量装置及采集设备安装接电、调试工作。

　　**签字确认**　台区客户经理请客户现场确认新装及拆除电能表示度及封印号，并在低压电能计量装接单上签字确认。

　　**资料归档**　档案管理员整理所有资料归档保存。

## 作业要求

### 1. 安排任务

1.1 营销管理员根据新装、表计拆除、工作要求（业务类型），派发工作任务。

1.2 客户服务班接收任务后，做好各项准备工作，主要有：明确工作负责人及工作班成员，根据安规要求开具低压工作票或安全措施卡；工作人员应规范着装、正确佩戴安全帽，携带劳动保护用品；携带必要的工器具，仪表等。

### 2. 领取材料

客户服务班根据低压电能计量装接单和供电方案填写装表材料申请单、安全工器具申请单，交由综合业务班仓库保管员办理相关材料出库手续。

### 3. 核对信息

3.1 核对工单所列的电能计量装置、采集设备信息，与用户的供电方式、容量相适应相匹配。

3.2 检查电能表的封印、接线图、检定合格证等是否齐全，外壳是否完好无损。

3.3 检查互感器的铭牌、极性标志是否完整、清晰，接线螺丝是否完好，检定合格证是否齐全。

### 4. 装表接电

4.1 装表接电人员在电气设备上工作，应遵守以下规定：

4.1.1 填用工作票或口头、电话命令。

4.1.2 至少两人在一起工作。

4.1.3 完成保证工作人员安全的组织措施和技术措施。

4.1.4 不得擅自操作用户运用中的电气设备。

4.2 基本施工工艺：按图施工、接线正确；电气连接可靠、接触良好；配线分相分色，走线整齐美观；导线无损伤，绝缘良好。

4.2.1 安装电流互感器二次回路接线应注意极性端符号。

4.2.2 二次回路接好后，应进行接线正确性检查。

4.3 在装表接线时，必须遵循以下接线原则：

4.3.1 单相电能表、三相四线电能表须按照说明书或电能表盖上接线图正确接线，三相四线电能表须按正相序接线；三相四线电能表零线安装须牢固可靠；电能表的零线须与电源零线直接联通。

4.3.2 进表线导体应无裸露部分；带电压连片的电能表，安装时应检查其接触是否良好。

4.4 电流互感器的安装

4.4.1 电流互感器安装必须牢固,互感器外壳的金属外露部分应良好接地。

4.4.2 同一组电流互感器应按同一方向安装,以保证该组电流互感器一次及二次网路电流的正方向均为一致,并尽可能易于观察铭牌。

4.4.3 电流互感器二次侧不允许开路,对双次级只用一个二次回路时,另一个次级应可靠短接。

4.4.4 低压电流互感器的二次侧可不接地。

4.5 二次回路的安装

4.5.1 用电计量装置的一次与二次接线,必须根据批准的图纸施工。二次回路应有明显的标志,最好采用不同颜色的导线。

4.5.2 二次回路走线要合理、整齐、美观、清楚。对于成套计量装置,导线与端钮连接处,应有字迹清楚,与图纸相符的端子编号牌。

4.5.3 二次同路的导线绝缘不得有损伤,不得有接头,导线与端钮的连接必须拧紧,接触良好。

4.5.4 低压计量装置的二次同路连接方式:

4.5.4.1 每组电流互感器二次同路接线应采用分相接法或是星形接法。

4.5.4.2 电压线宜单独接入,不与电流线公用,取电压处和电流互感器一次间不得有任何断口,且应在母线上另行打孔连接,禁止在两段母线连接螺丝上引出。

4.5.5 当需要在一组互感器的二次回路中安装多块电能表(包括有功电能表、无功电能表、最大需量表、多费率电能表等,以下都通称为"电能表")时,必须遵循以下接线原则:

4.5.5.1 每块电能表仍按本身的接线方式连接。

4.5.5.2 各电能表同相所有的电压线圈并联,所有的电流线圈串联,接入相应的电压、电流回路。

4.5.5.3 保证二次电流回路的总阻抗,不超过电流互感器的二次额定阻抗值。

4.5.5.4 电压回路从母线到每个电能表端钮盒之间的电压降,不应超过额定电压的 $0.5\%$。

4.5.6 二次回路安装完成后,应对计量装置进行接线检查。

4.6 施封

4.6.1 计量装置安装完成后应在相应位置施封、加锁,施封位置包括电能表端子盒、接线盒、互感器二次端子盒、计量屏(箱、柜)门等。

4.6.2　施封后应登记封印信息。

## 5. 签字确认

台区客户经理完成装表接电后,现场填写《电能计量装置装拆工作单》,请客户在工单上签字确认。若无法签字确认,需张贴装(换)表告知书,并拍照留存。

## 6. 资料归档

台区客户经理将电能计量装置工单等单据,及时传递至档案管理员归档保存。

### 知识与标准

## 1. 知识

1.1　运行中的电能计量装置按其所计量电能量的多少和计量对象的重要程度分五类(Ⅰ、Ⅱ、Ⅲ、Ⅳ、Ⅴ)进行管理。其中Ⅳ类电能计量装置是指380V～10kV电能计量装置,Ⅴ类电能计量装置是指220V单相电能计量装置。

1.2　准确度等级

1.2.1　各类电能计量装置应配置的电能表、互感器的准确度等级不应低于表1所示值。

表 1　准确度等级

| 电能计量装置类别 | 准 确 度 等 级 | | | |
|---|---|---|---|---|
| | 有功电能表 | 无功电能表 | 电压互感器 | 电流互感器 |
| Ⅰ | 0.2S | 2.0 | 0.2 | 0.2S |
| Ⅱ | 0.5S | 2.0 | 0.2 | 0.2S |
| Ⅲ | 0.5S | 2.0 | 0.5 | 0.5S |
| Ⅳ | 1.0 | 2.0 | 0.5 | 0.5S |
| Ⅴ | 2.0 | ——— | ——— | 0.5S |

1.2.2　电能计量装置中电压互感器二次回路电压降应不大于其额定二次电压的0.2%。

1.3　在更换电能表及采集设备时,应采取措施防止电流互感器二次侧开路。

1.4 在带电的电压互感器二次回路上工作,应采取措施防止电压互感器二次侧短路或接地。

1.5 现场工作人员在现场工作结束后,在现场工作单上记录施或拆(启)封信息,记录的信息至少包括工作内容、施或拆(启)封编号、执行人、施或拆(启)封日期等,电力客户应在场并在工作单上签字确认。

1.6 对拆回的暂存电能表作好底码示数核对,保存含有资产编号和电量底码的电子档案。拆回的电能表,应有序存放,方便今后查找,并至少存放一个抄表周期。

## 2. 标准

2.1 《电能计量装置技术管理规程》DL/T448－2016

2.2 《国家电网公司计量资产全寿命周期管理办法》(国网营销 4－390－2014)

2.3 《电能计量装置安装接线规则》DLT－825－2002

# 作业 20：抄表收费

根据国家电网公司电费抄核收管理相关要求，抄表收费工作主要包括抄表、电量电费核算、电费收取等作业过程。应用用电信息采集系统和营销业务系统，实现电费抄核收工作全过程的量化管控，保障抄表收费及资金安全，确保电费准确、及时、全额回收。

## 作业流程

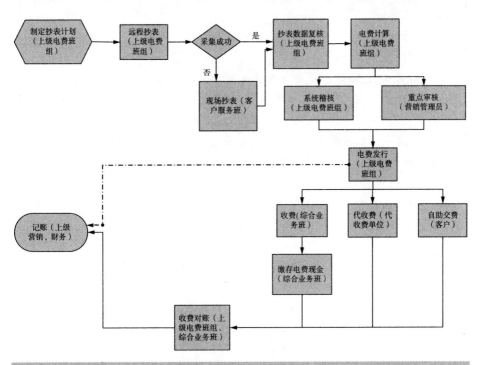

## 作业说明

制订抄表计划并远采集抄　上级营销部门电费班组，在规定的抄表例日，通过营销业务系统制定抄表计划，进行抄表数据准备，并实施远程采集抄表。发现有采集不成功或抄表数据异常等情况时，通知供电所客户服务班到现场进行补抄或核对数据。

　　**抄表数据复核**　上级电费班组应用营销系统"抄表核算发行"流程审核功能,稽查出零度户、抄见电量超出波动范围、漏抄、倍率与上周期不符、分时电量不平、本期指数小于上期指数、指数不连续等异常情况后,通知供电所,由客户服务班班长安排台区客户经理进行现场核查。

　　**电费计算**　上级电费班组应用营销系统对复核过的抄表计划进行电量电费计算。

　　**电费审核**　上级电费班审核(稽核)电量电费数据,确保电费不漏发、不错发,保证电费计算的正确性。对电量电费异常的用电客户重点审核,根据异常情况进行相应处理,通知供电所进行客户档案、现场审查,并记录核算异常。

　　**发行电费**　上级电费班组在营销系统中进行电费发行。

　　**收费**

　　(1)窗口收费:综合业务班在营业窗口收取电费。

　　(2)代收电费:各代收单位根据与供电公司签订的协议,代为收取电费。

　　(3)客户自助缴费:客户通过自助交费终端或通过手机、网银等方式自行缴纳电费。

　　**缴存电费现金**

　　(1)综合业务班在银行下班前,要将截至当前实收的电费现金(包含自助交费终端中的现金)全部交存到公司的电费账户中,并在营销系统中进行解款。

　　(2)当日缴存银行后收取的现金,需存放在专用保险柜中妥善保存,不得随身携带。

　　(3)综合业务班根据解款记录,生成交接单报至上级电费班组。

　　**对账**　上级电费班组每天核对各供电所的收费情况,保证系统中收费金额与公司银行账户进账资金一致。

## 作业要求

### 1. 现场补抄

　　1.1　现场抄表工作必须遵循电力安全生产工作的相关规定,严禁违章作业。需要到客户门内抄录的,应出示工作证件,遵守客户的出入制度。

　　1.2　台区客户经理现场补抄时,要认真核对客户电能表箱位、表位、资产号、倍率等信息,检查电能计量装置运行是否正常,封印是否完好。对新装及用电变更客户,应核对并确认用电容量、最大需量、电能表参数、互感器参数等信息,做好核对记录。

1.3 发现客户电量异常、违约用电或窃电嫌疑、表计故障、有信息(系统内档案)无表、有表无信息(系统内档案)等异常情况,做好现场记录,提出异常报告并及时报相关部门处理。

1.4 因客户原因未能如期抄表的,台区客户经理应与客户约定维护计量装置和采集器的时间,并按合同约定或有关规定计收电费。

1.5 对新装客户应做好抄表例日、电价政策、交费方式、交费期限及欠费停电等相关规定的提示告知工作。

## 2. 电费审核

2.1 系统稽核:上级电费班组应用营销系统的电费复核功能,筛选出电量波动异常、变线损异常、基本电费异常、抄见零电量等客户进行审核,必要时安排供电所组织综合业务班、客户服务班进行审核。

2.2 重点审核:营销管理员组织综合业务班、客户服务班对新装或变更后第一次结算电费的客户进行重点审核,防止因业务流程错误造成客户档案错误(电价、互感器倍率、变压器损耗、变压器容量等),导致电费计算错误。

2.3 电费发行后发现电费差错,由综合业务班发起非政策性退补流程,申请时详细描述退补原因,报营销部审批后,进行电费退补处理。

## 3. 收费

3.1 电费收取应做到日清日结,收费人员每日将现金交款单、银行进账单、电费现金汇总表交电费账务人员。

3.1.1 每日收取的现金及支票应当日解交银行。由综合业务班负责每日解款工作并落实保安措施,确保解款安全。当日解款后收取的现金及支票按财务制度存入专用保险箱,于次日解交银行。

3.1.2 收取现金时,应当面点清并验明真伪。收取支票时,应仔细检查票面金额、日期及印鉴等是否清晰正确。

3.1.3 客户实交电费金额大于客户应交电费金额时,作预收电费处理。

3.2 采用柜台收费(坐收)方式时,应核对户号、户名、地址等信息,告知客户电费金额及收费明细,避免错收。客户同时采取现金、支票与汇票支付一笔电费的,应分别进行账务处理。

3.3 采用代扣、代收与特约委托等方式收取电费的,供电企业、用电客户、银行、代收单位等应签订协议,明确各方的权利义务。

## 知识与标准

### 1. 知识

#### 1.1 抄表周期管理规定

1.1.1 抄表周期原则上为每月一次。确需对居民客户实行双月抄表的，应考虑单、双月电量平衡并报省公司营销部批准后执行。

1.1.2 对用电量较大的客户、临时用电客户、租赁经营客户以及交纳电费信用等级较低的客户，应根据电费回收风险程度，实行每月多次抄表，并按国家有关规定或合同约定实行预收或分次结算电费。

1.1.3 对高压新装客户应在接电后的当月进行抄表。对在新装接电后当月抄表确有困难的其他客户，应在下一个抄表周期内完成抄表。

1.1.4 抄表周期变更时，应履行审批手续，并事前告知相关客户。因抄表周期变更对居民阶梯电费计算等带来影响的，应按相关要求处理。

1.1.5 对实行远程自动抄表方式的客户，应定期安排现场核抄，核抄周期由各单位根据实际需要确定，10 千伏及以上客户现场核抄周期应不超过 6 个月；0.4 千伏及以下客户现场核抄周期应不超过 12 个月。

#### 1.2 抄表例日管理规定

1.2.1 35 千伏及以上电压等级客户抄表时间应安排在月末 24 点，其他高压客户抄表时间应安排在每月 25 日以后。

1.2.2 对同一台区的客户、同一供电线路的专变客户、同一户号有多个计量点的客户、存在转供关系的客户，抄表例日应安排在同一天。

1.2.3 对每月多次抄表的客户，应按"供用电合同"或"电费结算协议"有关条款约定的日期安排抄表。约定的各次抄表日期应在一个日历月内。

1.2.4 抄表例日不得随意变更。确需变更的，应履行审批手续并告知线损相关部门。抄表例日变更时，应事前告知相关客户。因抄表例日变更对阶梯电费计算等带来影响的，应按相关要求处理。

#### 1.3 违约金的计收

1.3.1 违约金的算法

居民客户：自逾期之日至交付日，每日按欠费总额的 1‰ 支付电费违约金，但违约金累计金额最高不超过所欠电费的 30%。

非居民客户：用电人违反供用电合同约定逾期交付电费的，当年欠费部分的每日按欠交额的 2‰、跨年度欠费部分的每日按欠交额的 3‰ 计付，但违约金累计金额最高不超过所欠电费的 30%。

1.3.2　违约金与欠费交纳冲抵顺序

根据供用电合同中"用户在交纳电费时应先冲抵到期电费债务"的约定,用户应先交纳电费欠费后再交纳违约金。

## 2. 标准

2.1　《供电营业规则》1996 年 10 月 8 日电力工业部令第 8 号

2.2　《国家电网公司营销管理通则》(国家电网企管〔2014〕139 号制度编号:国网(营销/1)95－2014)

2.3　《国家电网公司电费抄核收管理规则》(国家电网法〔2014〕691 号制度编号:国网(营销/3)273－2014)

2.4　《国网安徽省电力公司远程费控业务管理办法(试行)》皖电企协〔2015〕316 号

2.5　《国家电网公司关于进一步规范供用电合同管理工作的通知》(国家电网营销〔2016〕835 号)

2.6　省工商局《关于发布《安徽省居民供用电合同》示范文本的通知》(工商合字〔2016〕131 号)

## 附表

附表 10:抄表通知单、交费通知单模板

# 作业 21:电费催收

对电费欠费客户应建立明细档案,按规定的程序催交电费。

## 作业流程

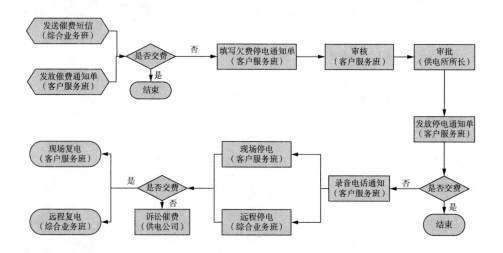

## 作业说明

　　**电费催收**　综合业务班对已订阅用电短信的客户,通过群发催费短信进行催收;对留存固定电话的客户,通过录音电话进行催收;对未留存号码的其他客户,安排台区客户经理送达催费通知单(内容应包括户号、户名、地址、催交电费年月、欠费金额及违约金、交费时限、交费方式及地点、联系电话等)。

　　**催费后核查是否欠费**　在营销管理系统中生成欠费报表,已缴费的立即停止催费,对仍欠费的客户转入下一环节。

　　**欠费停(限)电通知**　针对经催收仍未交清电费的客户,台区客户经理填写欠费停(限)电通知单(内容应包括户号、户名、地址、催交电费次数、欠费金额及违约金、停电原因、联系电话等)。

　　**审核**　经客户服务班班长对欠费停电通知书进行审核。

**审批** 审核通过后按审批权限由所长或上级领导审批。

**发放通知** 台区客户经理将欠费停电通知书送达客户处。

**欠费确认** 针对已送达欠费停电通知书的客户,台区客户经理再次确认其欠费情况。

**再次通知** 在停电前30分钟,台区客户经理要通过录音电话对客户进行再次通知,告知客户停电时间,并请客户做好停电准备。

**欠费停电** 对已送达欠费停(限)电通知单但仍未在要求的期限内交清电费的客户,由综合业务班通过营销系统进行远程停电;不具备远程停电的客户由台区客户经理到现场进行停电(高压客户需要联系相应电压等级的运维单位进行协助)。

**停电后核查是否欠费** 台区客户经理对欠费停电的客户缴费情况进行监控,对被停(限)电的客户交清电费及电费违约金后,立即按照规定时间进行复电。

**诉讼催收** 对被停(限)电但仍不交清电费的客户,客户服务班收集客户欠费的相关证明材料,并经所长审核后,上报公司通过诉讼渠道进行催收。

## 作业要求

### 1. 柔性催费

1.1 对已订阅用电短信的客户群发催费短信进行催收,对留存固定电话的客户通过录音电话进行催收。

1.2 对未留存电话号码的其他客户,安排台区客户经理送达催费通知单(内容应包括催交电费年月、欠费金额及违约金、交费时限、交费方式及地点等)。

### 2. 欠费停电申请

2.1 在缴费期限日前统计欠费信息,组织开展现场催收,催收时向客户送达缴费提示单,收集客户手机联系号码。

2.2 欠费停电应制定停电计划,涉及重要客户的欠费停电应报同级电力运行管理部门。

2.3 欠费停电应严格履行申请、审批制度,并在营销业务系统内发起欠费停电流程。禁止直接从用电信息采集系统下发停电指令。批量提交的远程欠费停电户数一般不多于20户。

### 3. 停电审批

3.1 低压非居民客户由供电所长审批。

3.2 居民客户由公司分管领导审批。

3.3 10kV专线客户、35kV及以上客户由市公司分管营销副总经理审批。

3.4 10kV供电容量315kVA以上专变客户(含非移交的居民小区)或整栋楼合表居民客户的停电由市公司营销部(农电工作部)主任或县公司分管营销副总经理审批。

3.5 10kV供电容量315kVA以下专变客户(含非移交的居民小区)或整单元合表居民客户的停电由市公司客户服务中心营业及电费部主任或县公司营销部主任审批。

### 4. 停电通知

4.1 对计划执行欠费停电的客户,应提前7天送达停电通知书。

4.2 客户电费自逾期之日起计算超过30天,经催交仍未交付电费的,可以按照国家规定程序中止供电。在欠费逾期30天的前7、3、1天,分别统计欠费信息,对订阅供电服务短信的客户发送停电催费信息。

### 5. 欠费停/复电

5.1 停电当日,执行停电人员应再次核对客户交费信息,并在SG186系统中登记欠费停电标记。

5.2 对用电信息采集系统安装到位的客户,需欠费停电的,积极运用营销SG186系统发起远程停/复电流程,利用用电信息采集系统功能实施远程停复电。

5.3 在停电前30分钟,将停电时间再一次电话通知客户,同时做好电话录音,并在通知规定的时间实施停电。居民客户停电应安排在上午进行。

5.4 实施现场欠费停电,应粘贴"请及时缴纳电费"的字样并留下台区客户经理联系电话,在确认停电对象正确无误后方能离开。

5.5 客户交清电费及电费违约金后,原则上应在2小时内实施复电。客户在夜间22:00以后交清电费及电费违约金的,应在次日上午10:00前实施复电。

5.6 专变客户复电前,应事先与客户约定复电时间,复电后确认客户已正常用电、电能表正常运行。

## 知识与标准

### 1. 知识

1.1 向客户送达欠费停(限)电通知一般有五种方式

1.1.1 签字送达台区客户经理将欠费停(限)电通知单交予客户本人,并请其签收;若客户不在,可交由客户同住的成年家属代签收。如果客户为企业、单位或其他组织,应交其法人或相关负责人。签名人在通知书上所签的姓名应与其本人身份证姓名相符,客户为企业、单位或其他组织,签名人应为其法人或经法人授权的相关负责人。

1.1.2 留置送达指客户拒绝签收停(限)电通知书时,应邀请第三人如当地派出所、司法部门、居(村)委会等人员,对停(限)电通知书进行留置送达见证,并请见证人在留置送达见证人处签字,将欠费停(限)电通知书留放在客户处。

1.1.3 公证送达当客户拒绝签收停(限)电通知书时,可申请公证机构派员全程现场监督,记录有关情况,并出具送达公证书。

1.1.4 挂号或特快专递邮递送达对有准确客户地址的可采取挂号或特快专递邮递方式进行送达。

1.1.5 现场拍照对居民客户可将欠费停(限)电通知单张贴至客户门上显著位置,并拍照留存,拍照范围注意包含客户门牌号或能够分辨出客户处位置的参照物。

## 2. 标准

2.1 《国家电网公司营销管理通则》(国家电网企管〔2014〕139号制度编号:国网(营销/1)95-2014)

2.2 《国网安徽省电力公司远程费控业务管理办法(试行)》皖电企协〔2015〕316号

2.3 《国网安徽省电力公司客户远程停复电管理办法(试行)》皖电企协〔2015〕316号

2.4 《国家电网公司关于进一步规范供用电合同管理工作的通知》(国家电网营销〔2016〕835号)

2.5 省工商局《关于制定发布〈安徽省居民供用电合同〉示范文本的通知》(工商合字〔2016〕131号)

## 附表

附表11:催费通知单、欠费停电通知单模板

# 作业 22：用电检查

用电检查是供电企业为了保障正常的供用电秩序和公共安全,而从事的检查、监督、指导和帮助客户,使其安全、经济、合理和规范用电的一项工作。用电检查分为计划性检查和专项检查两类,计划性检查根据年度和月度制定的用电检查计划进行。专项检查的检查内容及检查时间可根据特定环境而确定,具有较强的目的性和时效性,包含季节性检查、营业普查、事故检查、临时性检查和保供电检查等五种。

## 作业流程

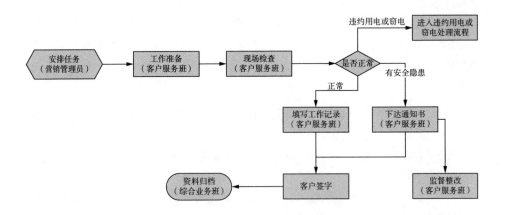

## 作业说明

**安排工作任务** 营销管理员安排用电检查工作任务。

**工作准备** 客户服务班做好检查前的各种准备。

**现场检查** 客户服务班根据检查任务,到客户处进行现场用电检查。

**检查结果** 检查人员根据现场检查情况,填写相应的工作单,并按照规定进行处理。如正常,填写用电检查工作单。如存在安全隐患,下达用电检查通知书。如存在违约用电或窃电行为,进入违约用电或窃电处理流程。

**客户签字** 客户在用电检查工作单或用电检查通知书上签字确认。

> **资料归档** 工作结束后,检查人员将用电检查工作单、用电检查通知书及取证材料交至综合业务班归档。

## 作业要求

### 1. 安排工作任务

营销管理员根据用电检查计划或专项检查任务,结合检查的类型、对象和目的,安排合适的人员进行检查(用电检查人数不得少于两人)。

### 2. 工作准备

客户服务班接受用电检查任务后,做好检查前的各项准备工作,主要有:查阅客户的用电信息资料、历史用电检查工单,了解客户用电情况;检查用电检查证、《用电检查工作单》《用电检查通知书》、工作票等是否携带齐全;检查人员要规范着装,着长袖全棉工作服,正确佩戴安全帽,并携带相应的劳动保护用品;携带检查用的仪器仪表、照明灯具、现场取证设备、安全工器具及其他常用工具等。

### 3. 现场检查

3.1 现场检查前准备 抵达现场后,联系客户并出示"用电检查证"。进入工作现场,现场负责人组织召开班前会,明确带电部位,对工作现场进行统一安全交底,明确分工,并做好协调。

3.1.1 工作负责人、专职监护人应对客户的供电区域、带电设备、一二次接线方式等进行详细了解,并落实保证安全的技术措施。同时履行相应的安全规定,并明确与客户之间的安全责任。客户资产由客户负责做好安全措施。

3.1.2 应将未落实停电接地或隔离等安全措施的电气设备,始终视为带电设备,不得接触该设备或接近至安全距离以内。

3.1.3 严格执行工作监护制度,并与带电部位保持足够安全距离,登高作业落实防高坠措施。

3.1.4 使用测量仪表应注意正确接线和正确操作。

3.1.5 现场检查设备属客户管辖时,必须要求客户明确设备管理人员,并对设备管理人员提出不得变更设备状态的要求。

3.2 现场检查 对照《用电检查工作单》内容,逐项开展检查,并将检查的情况全部登记其中,内容包含设备状况、运行管理、电力使用等方面是否有不符合国家、电力行业等有关规定的情况。

3.3 现场检查如发现客户有违约用电或窃电行为的,要立即做好现场取证。

3.4 在开展用电检查工作时,不得在检查现场替代客户进行电工作业,并遵守客户的保卫、保密规定。

## 4. 检查结果

4.1 检查完毕,状况正常的,整理好《用电检查工作单》。

4.2 发现客户的设备状况、电工作业行为、运行管理等方面有不符合安全规定的或存在安全隐患的,要全部记录在《用电检查通知书》上,并下达给客户,督促整改。

4.3 发现存在违约或窃电行为的,在确保证据确凿且安全保存的情况下,应予以制止并可当场中止供电,同时下达相对应的《违约用电通知书》或《窃电通知书》,并按照规定进行处理。

## 5. 资料归档

5.1 用电检查人员将检查过程中的所有资料,全部交给综合业务班归入客户档案中。其中违约用电、窃电的资料需包含:违约用电和窃电现场的照片、音频、视频、窃电工具、调查笔录及其他相关实物、客户违约用电、窃电处理工作单、收取的追补电费、违约使用电费发票复印件。

5.2 发现有安全隐患的,还需要将《用电检查通知书》上交公司,由公司报政府安全管理部门备案。

## 知识与标准

## 1. 知识

1.1 计划性用电检查的内容包含:

1.1.1 用户执行国家有关电力供应与使用的法规、方针、政策、标准、规章制度情况;

1.1.2 用户受(送)电装置工程施工质量检验;

1.1.3 用户受(送)电装置中电气设备运行安全状况;

1.1.4 用户保安电源和非电性质的保安措施;

1.1.5 用户反事故措施;

1.1.6 用户进网作业电工的资格、进网作业安全状况及作业安全保障措施;

1.1.7 用电计量装置、用电信息采集装置、继电保护和自动装置、调度通讯等安全运行状况;

1.1.8　供用电合同及有关协议履行的情况；

1.1.9　受电端电能质量状况；

1.1.10　违约用电和窃电行为；

1.1.17　并网电源、自备电源并网安全状况。

1.2　计划性检查周期

重要客户定期检查按季度开展；35kV及以上客户每季度一次；10kV且用电容量在315kVA及以上专用变客户，每半年一次；10kV且用电容量在315kVA以下专用变客户，每年一次；其余低压用户实行抽检。

1.3　季节性检查

1.3.1　防污检查：检查重污秽区客户反污措施的落实，推广防污新技术，督促客户改善电气设备绝缘质量，防止污闪事故发生。

1.3.2　防雷检查：在雷雨季节到来之前，检查客户设备的接地系统、避雷针、避雷器等设施的安全完好性。

1.3.3　防汛检查：汛期到来之前，检查所辖区域客户防洪电气设备的检修、预试工作是否落实，电源是否可靠，防汛的组织及技术措施是否完善。

1.3.4　防冻检查：冬季到来之前，检查客户电气设备、消防设施防冻情况，防止小动物进入配电室及带电装置内措施等。

1.4　营业普查：根据某一阶段营销管理工作的要求，供电企业组织有关部门集中一段时间，在较大范围内，对企业内部执行规章制度的情况、客户履行供用电合同的情况、违约用电和窃电行为进行的检查。主要检查内容有：

1.4.1　核对供电企业内部各种用电营业基础资料。

1.4.2　对月用电量较大的客户，用电量发生波动较大的客户和用电行为不规范的客户进行重点普查。

1.4.3　检查抄表有无漏户、错抄收、漏抄收以及错算、漏算、基本电费差错等现象。

1.4.4　检查《供用电合同》执行情况。

1.4.5　查处客户违约用电、窃电行为。

1.4.6　核对客户用电容量、电价分类及执行情况、有无混价现象、无功补偿装置的运行情况。

1.4.7　检查客户计量装置有无接线错误、走字不准、接触不良等错误。

1.5　事故检查：客户发生电气事故后，除进行事故调查和分析、汇报有关部门外，还要对客户设备进行一次全面、系统的检查。

1.6　临时性检查：对客户进行各种计划外的检查，主要有：

1.6.1　电费均价、线损、功率因数、分类用电比例等出现大的波动或异常时,供电企业进行现场临时用电检查。

1.6.2 对有违约用电、窃电行为嫌疑的客户进行临时突击检查。

1.7 保供电检查:各级政府组织的大型政治活动、大型集会、庆祝、大型娱乐活动及其他大型专项工作安排的活动,为确保供电,对相应范围内的客户进行的临时供电安全性和可靠性检查。

## 2. 标准

2.1 《供电营业规则》1996年10月8日电力工业部令第8号

2.2 《关于印发〈安徽省电力公司营销现场工作安全规定〉的通知》(皖电营销〔2010〕804号)

2.3 《国网安徽省电力公司营销员工从事客户现场电气作业安全管控实施细则(暂行)》(皖电营销〔2013〕731号)

附表12:用电检查通知书

# 作业 23：台区线损管理

线损是供电企业一项重要的经济技术指标，降低线损是供电企业的主要工作和长期任务，线损的高低直接反映供电企业的经营管理水平。

线损由技术线损和管理线损组成。技术线损主要是电能在输、变、配电过程中电力设备所产生的电能损失，管理线损主要是窃电、抄表错误、计量装置误差和计量差错等所造成的电能损失。降低线损也是从技术和管理两个方面进行的。线损实行四分管理，即分压、分区、分线和分台区。

## 作业流程

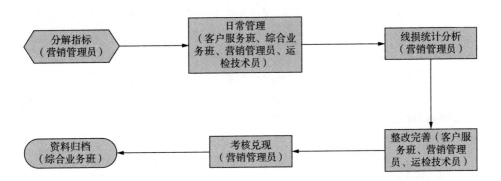

## 作业说明

**分解指标**　营销管理员将上级公司下达的线损指标分解至管辖的每个台区，按台区确定线损管理责任人。

**实施日常管理**　营销管理员、运检技术员根据职责分工，应用信息系统对线损进行监控，并指导客户服务班做好管理降损和技术降损工作。

**线损统计分析**　营销管理员定期统计线损数据，组织召开线损分析会，对线损异常的台区进行重点分析，并制定整改措施。

**整改完善**　营销管理员、运检技术员组织客户服务班，落实整改措施，提升线损管理水平。

**考核兑现**　营销管理员制定线损考核细则，报所长审批后实施，将线损考核结果与绩效工资挂钩。

> **资料归档** 综合业务班及时将线损报表、线损分析报告、降损措施等相关的资料进行整理并妥善存放。

## 作业要求

### 1. 分解指标

营销管理员将公司下达的线损指标分解到管辖的每个台区,确定台区客户经理为该台区的线损管理责任人。责任人的管理责任、管辖范围应明确、独立,避免交叉管理。线损指标一般依据线损理论计算结果,并结合历史线损水平制定。

### 2. 实施日常管理

2.1 在业扩报装工作中,客户服务班要根据台区的三相负荷现状,选择单相用电客户的接电相别,以提升三相负荷平衡程度。规范安装计量装置并加封加锁后,请客户签字确认。综合业务班在现场工作完成后及时进行建档(供电系统生产办公场所用电作为非贸易结算户建档),并对电能表进行采集测试。

2.2 台区客户经理做好依法用电宣传和设备巡视,及时发现和处理线路设备缺陷、计量装置隐患及采集失败问题,现场补抄采集失败的电能表,并关注客户的电量异常情况。

2.3 营销管理员要监测各台区的日线损情况,发现有异常要立即组织分析,必要时安排人员进行现场核查,针对性组织开展反窃电工作。

2.4 运检技术员要监测公用配变的三相负荷平衡、功率因数和电压情况,组织提升三相负荷平衡度、功率因数和电压,将因设备状况较差导致线损高的台区,纳入到改造项目储备库,报至公司争取尽早进行改造。

### 3. 线损统计分析

营销管理员每月统计线损指标,并组织召开线损分析会,对线损异常的台区进行重点分析。

3.1 统计线损分析的方法主要有:

3.1.1 根据抄表例日抄见的供电量和售电量计算线损率。

3.1.2 将实际线损率与理论线损率相比,对实际值与理论值偏差较大的要重点分析。

3.1.3 对线损进行环比和同比,对存在异常波动的台区要重点分析。

3.1.4 检查关口总表计量是否正常。

3.1.5 计算由于供售电量抄表时间不同步引起的错月电量。

3.1.6 检查本月有无退补电量,计算退补电量的影响程度。

3.1.7 分析各用电类别的售电量情况,对售电量变化较大的应重点分析。

3.1.8 分析用电大户电量异常变动情况。

3.1.9 针对三相不平衡、公用配变轻载、功率因数低及低电压对线损的影响进行分析。

3.1.10 根据分析的结果,针对性制定降损措施。

## 4. 整改提升

针对线损升高的台区,营销管理员要会同运检技术员,制定相应的降损措施并组织实施,降损措施分为技术降损和管理降损两大类。

4.1 技术性降损措施主要有:

4.1.1 合理调整配电变压器台数、容量,实现经济运行。

4.1.2 准确确定负荷中心、调整线路布局,减少或避免超供电半径供电现象。

4.1.3 按经济电流密度选择导线线径。

4.1.4 实施无功平衡,提高功率因数。

4.1.5 提高低压三相负荷的平衡度。

4.2 管理性降损措施主要有:

4.2.1 建立线损管理体系,制定线损管理制度。

4.2.2 加强基础管理,建立健全各项基础资料。

4.2.3 开展线损理论计算工作。

4.2.4 制定降损计划并实施。

4.2.5 加强计量管理和采集运维,提高计量的准确性和采集成功率。

4.2.6 严格执行抄表制度,提高电表实抄率、正确率和准时率。

4.2.7 认真开展用电检查和稽查工作,依法查处窃电。

4.2.8 严格自用电管理,将供电所办公用电纳入考核范围。

## 5. 考核兑现

建立线损考核机制,将线损考核结果与绩效工资挂钩。

## 6. 资料归档

考核完毕后,营销管理员及时将线损分析报告等相关的资料进行整理,并交给综合业务班存档。

## 知识与标准

## 1. 知识

1.1 造成线损异常的主要原因有:

1.1.1　售电量抄表时间未按抄表例日抄表,造成售电量不正确。

1.1.2　改变了原来的正常运行方式,以及系统电压低造成损失增加。

1.1.3　设备运行故障,造成短路、接地等导致线损增大。

1.1.4　由于季节、负荷变动等原因使电网负荷潮流有较大变化。

1.1.5　电能表有计量超差或故障。

1.1.6　当期有冲退电量现象。

1.1.7　系统中台一户关系与现场不一致。

1.1.8　供电量关口表计示数错抄,造成供电量不正确。

1.1.9　存在客户窃电现象。

1.2　造成同期线损不可算的原因有:

1.2.1　集中器参数配置错误

1.2.2　集中器故障

1.2.3　通信网络信号不稳定

1.2.4　公变关口计量装置故障

1.2.5　公变关口档案异常

1.2.6　营销系统中的公变与生产系统的公变不对应

1.2.7　智能电表覆盖率或采集率低于95％

1.3　造成同期线损超大或为负值的原因有:

1.3.1　公变关口表计接线错误

1.3.2　系统中公变关口的互感器变比错误

1.3.3　计量装置或采集故障

1.3.4　系统中台一户对应关系与现场不一致

1.3.5　客户有窃电行为

1.4　分台区线损异常:台区线损率出现负线损率,或市中心区、市区、城镇、农村低压台区线损率分别大于4％、6％、7％、9％,或波动幅度超过同期值或计划指标的20％。

1.5　台区同期线损相关指标定义

1.5.1　用电信息采集系统台区月度同期线损合格率＝用电信息采集系统内月度同期线损合格台区数/台区总数×100％。

1.5.2　同期线损管理系统台区月度同期线损达标率＝同期线损管理系统内月度同期线损合格台区对应公变数/PMS系统内在运公变总数×100％。

1.5.3　同期线损在线监测率＝同期线损在线监测台区/台区总数×100％。同期线损在线监测率≥95％即记为100％。

1.5.4 取数规则

1.5.4.1 档案数据

台区档案信息：营销 SG186 系统。

公变档案信息：PMS2.0 系统、GIS 系统。

用户档案信息：GIS 系统提供"变压器－接入点－计量箱"关系；营销 SG186 系统提供"箱－表"关系。

公变、低压用户表底数据：用电信息采集系统

1.5.4.2 电量数据

供电量：取营销 SG186 系统在运台区下考核计量点的对应电量；

售电量：取营销 SG186 系统运行台区对应的在运变压器，通过变压器 PMSID 匹配到 PMS 系统中变压器（同 GIS 系统变压器），在 GIS 系统中通过变压器－接入点－计量箱关系找到该变压器下计量箱资产号，在营销系统内根据计量箱资产号、箱表关系找到该计量箱下的所有表计，售电量则为所有电表对应电量的总和。

1.6 三相不平衡调整规定

针对三相不平衡度连续 15 天超过 15%以上，且中性线电流大于额定相电流 25%的配变台区，要组织客户服务班依据"计量点平衡、各支路平衡、主干线平衡、变压器低压出口侧平衡"的"四平衡"原则，在 7 个工作日内进行相间负荷调整，并跟踪监测完善，直至三相平衡度满足规定要求。

## 2. 标准

2.1 《国家电网公司线损管理办法》（国网（发展/3)476－2014）

2.2 《国家电网公司关于深化线损管理的意见》（国家电网发展〔2015〕571号）

2.3 《国家电网公司关于加快推进同期系统建设、全面加强线损管理的工作意见》（国家电网发展〔2015〕1221号）

2.4 《国网安徽电力运检部关于印发〈配电变压器三相不平衡治理指导意见〉的通知》（运检工作〔2015〕19号）

2.5 《国家电网公司关于进一步加强营销专业线损管理工作的通知》（国家电网营销〔2016〕510号）

2.6 关于印发《安徽省电力公司线损管理办法》的通知（皖电发展〔2012〕623号）

2.7 《关于印发《2017年台区线损精益化管理工作方案》的通知》（营销工作〔2017〕22号）

**附表：**

# 作业 24:营销稽查

营销稽查工作坚持以下原则:坚持预防为主,防范与查处相结合;坚持"内查为主,以内促外"的稽查方针,整顿电力市场秩序,规范营销行为。营销稽查的内容及范围:客户服务稽查,计量稽查,电价电费管理稽查,营销管理内部稽查等。

## 作业流程

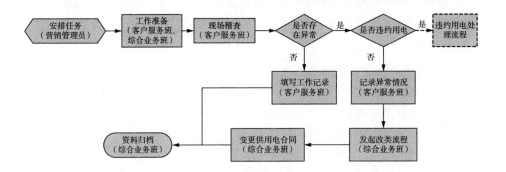

## 作业说明

**安排任务**　营销管理员根据上级工作要求或本单位营业普查工作计划,安排营销稽查工作任务。

**工作准备**　客户服务班做好核查前的各种准备,综合业务班配合提供检查清单。

**现场稽查**　客户服务班稽查人员根据核查任务,开展现场稽查工作。

**记录异常情况**　如现场发现异常,不属客户违约用电行为的,客户服务班稽查人员记录下异常情况;属于客户违约用电行为的,进入违约用电处理流程。

**发起改类流程**　根据现场检查结果,综合业务班在营销管理信息系统中发起改类等工作流程,更改相应电价、容量等信息,变更供用电合同,确保电价执行到位、客户档案与现场一致。

> **填写工作记录** 现场未发现异常时,工作人员工作结束后,填写工作记录。
>
> **资料归档** 工作结束后,开展现场稽查的工作人员和综合柜员将工作记录单和变更后的供用电合同一并交档案管理员(兼职)归档。

## 作业要求

### 1. 安排工作任务

营销管理员根据稽查任务计划或专项检查任务,结合检查的类型、对象和目的,安排合适的人员进行检查(电价核查人数不得少于两人),并填写派工单,经所长审批后,交给客户服务班执行。

### 2. 工作准备

客户服务班接受电价核查任务后,做好检查前的各项准备工作,主要有:

2.1 打印出营销部稽查人员下发的稽查清单,或通过营销稽查系统导出待查的内容(包括零度户、客户用电异常、超容量用电、居民大电量、农排大电量、力率执行异常、变损电量异常、两部制电价执行异常、分时电价执行异常等),筛选并打印出需现场稽查的清单。

2.2 根据营业普查计划导出并打印重点核查客户清单(内容包括:执行居民三档电价的客户、执行定比定量客户、执行居民电价的非居民客户、执行合表电价的客户、其他需要核对的电价类别等)。

2.3 现场稽查清单需包含户号、户名、用电地址、电压等级、客户容量、电能表资产号、倍率、定比定量值等信息。

2.4 工作人员须携带工作证(台区客户经理名片),身着工作服,头戴安全帽等防护用品。

### 3. 现场检查

3.1 核对现场电能表资产号、互感器变比等信息是否与系统中相符。

3.2 核对变压器容量、变压器台数是否与系统中相符。

3.3 核对电能表指数是否与系统相符。

3.4 核对定比定量值是否与实际相符。

3.5 销售电价的分类及执行范围是否正确。

### 4 核查结果

4.1 核查完毕,电价正确的,填写并整理好工作记录单。

4.2 发现客户现场用电性质与电价分类不相符的、现场用电情况与系统档案不相符的,完成工作记录后,在营销系统发起改类工作流程,确保系统内执行电价和客户档案,与现场用电一致,并变更供用电合同。

## 5 资料归档

5.1 将电价核查过程中的所有资料,交由综合业务班进行归档。

## 知识与标准

### 1. 知识

1.1 电价分类

现行安徽省销售电价分类为居民生活用电、农业生产用电、大工业用电、一般工商业及其他用电四类。

1.1.1 居民生活用电执行范围:

(1)城乡居民住宅用电:是指城乡居民家庭住宅,以及机关、部队、学校、企事业单位集体宿舍的生活用电。

(2)城乡居民住宅小区公用附属设施用电:是指城乡居民家庭住宅小区内的公共场所照明、电梯、电子防盗门、电子门铃、消防、绿地、门卫、车库、二次供水等非经营性用电。

(3)学校教学和学生生活用电:经国家有关部门批准,由政府及其有关部门、社会组织和公民个人举办的公办、民办学校的教室、图书馆、实验室、体育用房、校系行政用房等教学设施,以及学生食堂、澡堂、宿舍等学生生活设施用电。

(4)社会福利场所生活用电:是指经县级及以上人民政府民政部门批准,由国家、社会组织和公民个人举办的,为老年人、残疾人、孤儿、弃婴提供养护、康复、托管等服务场所的生活用电。

(5)宗教场所生活用电:指经县级及以上人民政府宗教事务部门登记的寺院、宫观、清真寺、教堂等宗教活动场所常住人员和外来暂住人员的生活用电。

(6)城乡社区居民委员会服务设施用电:是指城乡居民社区居民委员会工作场所及非经营公益服务设施的用电。

(7)监狱监房生活用电:是指监狱监房生活用电,不包括看守所、拘留所等政府机关附属机构用电。

1.1.2 农业生产用电执行范围

受电变压器(含不通过受电变压器的高压电动机)容量在 315 千伏安以下的下列用电:

(1)农业用电:是指各种农作物的种植活动用电。包括谷物、豆类、薯类、棉花、油料、糖料、麻类、烟草、蔬菜、食用菌、园艺作物、水果、坚果、含油果、饮料和香料作物、中药材及其他农作物种植用电。

(2)林木培育和种植用电：是指林木育种和育苗、造林和更新、森林经营和管护等活动用电。其中，森林经营和管护用电是指在林木生长的不同时期进行的促进林木生长发育的活动用电。

(3)畜牧业用电：是指为了获得各种畜禽产品而从事的动物饲养活动用电，包括养殖场照明、孵化、饲料生产（非经营性）、畜舍清理等生产性用电，不包括畜禽产品加工、经营性饲料生产以及办公、宿舍等其他用电。不包括专门供体育活动和休闲等活动相关的禽畜饲养用电。

(4)渔业用电：是指在内陆水域对各种水生动物进行养殖、捕捞，以及在海水中对各种水生动植物进行养殖、捕捞活动用电。不包括专门供体育活动和休闲钓鱼等活动用电以及水产品的加工用电。

(5)农产品初加工用电：是指农村个体户（无成规模厂房、无固定生产人员和生产组织机构）对各种农产品（包括天然橡胶、纺织纤维原料）进行脱水、凝固、去籽、净化、分类、晒干、剥皮、初烤、沤软或大批包装以提供初级市场的用电。

(6)农村饮水安全工程运行用电：是指经批准建设的规划范围内农村饮水安全工程运行用电。

(7)农业灌溉用电：是指为农业生产服务的灌溉及排涝用电。

(8)贫困县农业排灌用电：是指国家级、省级贫困县的农田排灌用电。贫困县农业排灌用电和农业抗灾用电指标合并使用，价格按照贫困县农业排灌用电价格执行。

### 1.2　分时电价执行范围

1.2.1　大工业用户、蓄热式电锅炉、蓄冰（水）制冷电空调装置用电以及用电容量在 100 千伏安及以上的一般工商业用户执行峰谷分时电价。（注：根据皖价服〔2010〕69 号文件规定，100 千伏安以上的商业零售企业暂缓执行分时电价）。

1.2.2　由供电企业直接抄表的一户一表居民用户和用电容量 100 千伏安以下的商业用户（桑拿、洗浴、歌舞厅、网吧等除外），可按年选择执行分时或单一电价，一旦确定，一年内不予更改。

1.2.3　中小化肥用电、城市供水用电、电气化铁路牵引用电、农村地区广播电视站无线发射台（站）、转播台（站）、差转台（站）、监测台（站）用电等可不执行或暂缓执行峰谷分时电价。淘汰类高耗能企业和限制发展的高污染企业在治理达标以前，不执行分时电价。（注：根据皖价商〔2015〕56 号文件规定，自 2016 年 4 月 20 日起中小化肥用电执行大工业用电价格标准。）

1.3  分时时段划分

1.3.1  居民用户：

平段 14 小时：8:00～22:00；

低谷 10 小时：22:00～次日 8:00。

1.3.2  其他用户：

高峰 8 小时：9:00～12:00,17:00～22:00；

平段 7 小时：8:00～9:00,12:00～17:00,22:00～23:00；

低谷 9 小时：23:00～次日 8:00。

1.4  居民阶梯电价分档电量和电价标准

1.4.1  月电量分档标准  第一档电量为每户每月 180 度以内；第二档电量为每户每月 181－350 度；第三档电量为每户每月 350 度以上部分。

1.4.2  年电量分档标准  我省居民阶梯电价以一个年度为计费周期,月度滚动使用。第一档电量为每户每年 2160 度以内；第二档电量为每户每年 2161－4200 度；第三档电量为每户每年 4200 度以上部分。

1.4.3  电价标准  第一档电量电价维持现行价格；第二档电量电价在第一档基础上每度加价 5 分钱；第三档电量电价在第一档基础上每度加价 0.3 元。

1.4.4  免费用电部分对我省城乡"低保户"和农村"五保户"家庭每户每月设置 10 度免费用电基数。

1.4.5  关于多人口家庭问题  居民用户以住宅为单位,一个房产证明对应的住宅为一"户"。没有房产证明的,以供电企业安装的电表为单位。一"户"住宅对应的户口簿户籍人口在 5 人(含 5 人)以上的用户,经当地供电企业核实后,每户每月增加第一档电量 100 度用电基数,供电企业每年核对一次。

1.5  两部制电价执行方式

1.5.1  基本电费计费方式变更周期  基本电价按变压器容量或最大需量计费,计费方式可按季变更,用户可提前 15 个工作日申请变更下一季度基本电价计费方式。用户选择最大需量计费方式的,可提前 5 个工作日变更下一个日历月(或抄表结算周期)的合同最大需量值。

1.5.2  最大需量计费  最大需量计费应以电网企业与电力用户合同确定的最大需量值为依据,用户实际最大需量超过合同确定值 105％时,超过 105％部分的基本电费加一倍收取；未超过合同确定值 105％的,按合同确定值收取。申请最大需量核定值低于变压器容量和不通过变压器接入的高压电动机容量总和的 40％时,按容量总和(不含已办理减容、暂停业务的容量)的 40％核定合同最大需量。对按最大需量计费的两路及以上进线用户,可能同时使用的进线应分别计算最大需量,累加计收基本电费。

1.5.3 减容(暂停)期限放宽措施 电力用户(含新装、增容用户)申请减容、暂停用电,取消次数限制,但暂停时间每次应不少于十五日,每一日历年内累计不超过六个月;暂停超过六个月的可由用户申请办理减容,减容期限不受时间限制。选择最大需量计费方式的,申请减容、暂停应以日历月或抄表结算周期为基本单位。电力用户减容两年内恢复的,按减容恢复办理;超过两年的按新装或增容手续办理。

## 2. 标准

2.1 《国家电网公司电价工作管理办法》(国家电网法〔2013〕1082 号)制度编号:国网(财/2)102－2013

2.2 《供电营业规则》1996 年 10 月 8 日电力工业部令第 8 号

2.3 《安徽省销售电价说明》(皖价商〔2014〕149 号)

2.4 关于居民生活用电试行阶梯电价有关问题的补充通知(皖价商〔2012〕147)

2.5 《国家发展改革委关于安徽省峰谷分时电价实施办法的批复》(发改价格〔2004〕512 号)

2.6 《关于居民生活用电试行阶梯电价的通知》(皖价商〔2012〕121 号)

2.7 《国家电网公司关于贯彻落实完善两部制电价用户基本电价执行方式的通知》国家电网财〔2016〕633 号

# 作业 25：低压客户档案管理

客户档案是指供用电双方在业扩报装、用电变更、电费管理、计量管理、用电检查等供用电业务活动中形成的，记录业务办理情况，对企业具有保存价值的，以纸质、电子文档或其他介质存在的记录。

## 作业流程

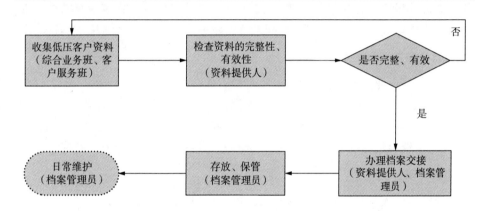

## 作业说明

**资料收集**　综合业务班、客户服务班收集日常工作中产生的低压客户资料。

**检查资料的完整性、有效性**　资料提供人应对资料和数据的完整性、有效性进行检查。检查无误后，移交档案管理人员归档。

**档案交接**　档案管理员与资料提供人办理档案交接，填写档案交接单。

**档案存放、保管**　档案管理员按照"一户一档"要求对客户资料进行归档。

**档案日常维护**　档案管理员主要负责档案的日常维护，主要包括档案借阅、调阅、更新、销毁等。

## 作业要求

### 1. 客户资料收集、整理

1.1 按照"谁办理、谁提供、谁负责"的原则,综合业务班、客户服务班负责收集整理客户资料,包括低压客户业扩报装、变更用电等资料。

1.2 低压用电申请书、客户有效身份证明、产权证明、供用电合同、装拆表工作单、变更用电申请书、变更用电经办人身份证明等资料应在营销系统内同步生成电子文档,与纸质资料同步流转。

1.3 客户资料记录的客户信息应与客户用电现场实际情况,以及营销业务系统记录相符。客户编号应唯一,客户名称应与营业执照(事业单位法人证书或组织机构代码证)、《供用电合同》、营销业务系统中客户名称保持一致。

### 2. 检查资料的完整性和有效性

2.1 综合业务班、客户服务班负责检查客户资料的完整性和有效性,于送电后 7 个工作日或工作单办结后 4 个工作日移交档案管理员。

2.2 综合业务班、客户服务班应检查客户资料是否完整、准确,包括资料内容真实、资料建立符合程序、签章齐全有效、资料填写时间是否准确等。

### 3. 档案交接

资料提供人应填写档案交接单,做好档案交接手续。

### 4. 档案归档、存放、保管

4.1 低压客户资料归档应满足"一户一档"要求。低压非居客户和居民客户资料按户号顺序统一归档存放。

4.2 低压客户档案永久保存,客户销户后,按照档案鉴定和销户工作制度执行。

4.3 档案管理员应将纸质资料与电子文档同步整理、存档;客户档案涉及供用电双方合法权益,属于企业商业秘密范畴,档案管理员和使用人员应遵守《中华人民共和国档案法》《中华人民共和国保守国家秘密法》和国家电网公司有关保密规定。

4.4 客户信息应完整有效、来源可靠;电子文档流转、存储和显示应不影响电子文档内容真实、完整;电子文档应该以国家规定的标准存储格式进行归档,带有商业秘密性质的电子文档应按保密规定办理归档手续。归档电子文档应按照相关要求进行分类和整理。

4.5 整理归档文件使用的书写材料、纸张、装订材料应符合档案保存要求。应统一定制低压客户档案袋。客户档案盒（袋）应统一材质、统一规格；在档案盒、袋正面粘贴客户户名、户号等，侧面粘贴档案盒编号。

4.6 低压客户档案盒（袋）应设置标准的资料目录。客户编号与档案存放位置建立对应查询关系，对客户档案进行定置查询。

## 5. 档案日常维护

5.1 档案借阅、调阅

5.1.1 建立客户档案查询借阅、调阅制度，填写档案借阅、调阅登记表，规范完善客户档案查询、借阅、调阅审批流程和手续。

5.1.2 需借阅、调阅客户档案，应说明借阅、调阅原因，并完整记录时间、客户档案名称、客户户号、内容、数量等情况并签字确认；借阅、调阅时间一般不超过7个工作日。

5.1.3 客户档案借阅、调阅完毕后应按时归还，档案管理员应认真核查归还档案是否完好，并做好归还记录。

5.2 档案更新

5.2.1 用户各类变更业务、计量装置更换、用电检查等产生的资料应及时存档；将补充后的资料与原档案一并保存，并将更新内容、更新时间、更新人等信息登记备查。

5.2.2 客户资料存档后，如需补充完善有关内容，应报供电所所长审核批准，并填写档案变更审批单，将补充完善后的资料与原档案一并保存，并将修改内容、修改时间、修改人等信息登记备查。

5.3 档案销毁

5.3.1 建立健全已销户客户的档案鉴定和销毁工作制度，规范档案销毁鉴定、审批流程。

5.3.2 对已销户客户档案，须在档案袋或档案目录上注明"已销户"字样，统一另柜存放；已销户客户档案五年内不得销毁。

5.3.3 对确认已无利用价值的销户客户档案办理档案销毁手续，档案销毁应履行内部审批程序，供电所所长和销毁人应分别签字盖章，由营销部主任审核批准后监督销毁。

## 知识与标准

## 1. 标准

1.1 《国家电网公司营销客户档案管理规定》国网（营销/3）382—2014

1.2 《国家电网公司关于印发进一步精简业扩手续提高办电效率的工作

意见的通知》国家电网营销〔2015〕70 号

    1.3 《中华人民共和国档案法》

    1.4 《中华人民共和国保守国家秘密法》

**附表：**

    附表 18:档案交接单

    附表 19:档案借阅、调阅登记表

# 作业 26：智能交费管理

智能交费是指借助信息通信技术，通过费控支持、营销业务应用、用电信息采集等系统及手机短信、语音电话等互动平台，采集费控智能电能表信息，进行电费测算，远程下达电费预警、停复电等指令及信息，实现可用电费余额自动测算、余额信息自动预警、停复电指令自动发送的一种向用户计收电费的方式。

## 作业流程

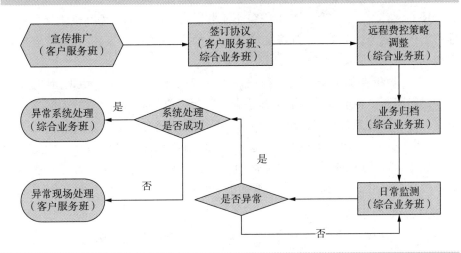

## 作业说明

**宣传推广** 台区客户经理向辖区内低压客户宣传推广智能交费业务，引导客户主动转变用电消费观念。

**签订协议** 客户服务班逐户签订智能交费推广协议。

**远程费控策略调整** 根据签订的协议，综合业务班在营销信息系统中发起"远程费控策略调整"流程，变更客户交费方式为"智能交费"（或称"远程费控"）。新装客户在业扩流程中直接选择"远程费控"交费方式。

**业务归档** 综合业务班整理"智能交费补充协议"并进行存档。

**日常监测** 综合业务班对智能交费客户的费控情况进行监测。

**异常处理** 综合业务班发现异常时，及时进行分类处理，必要时通知客户服务班到现场处理。

## 作业要求

### 1. 宣传推广

1.1 充分利用广播电视、微信微博、实体广告等各种渠道,通过"电力红包"、"购电积分"、"赠送礼品"等营销活动,开展智能交费业务宣传,展示各种新型服务,向客户宣传政策、解答疑问,引导客户主动转变用电消费观念,营造良好舆论氛围。

1.2 积极向地方政府主管部门沟通汇报,争取对智能交费业务的理解和支持。

1.3 落实智能交费业务推广备案工作,及时上报本辖区内智能交费业务推广工作计划与任务安排,对智能交费业务推广工作进行备案,有效减轻智能交费推广员工的投诉考核压力。

1.4 积极参加上级单位或部门举办的智能交费业务应用培训,认真学习上级部门编制的智能交费业务操作手册。充分发挥关键用户引领作用,加强本单位智能交费业务自培与互培工作,全面提高智能交费应用业务水平。

1.5 积极推广"掌上电力"、"电 e 宝"、95598 网站、微信公众号、短信平台等在线渠道,通过在线渠道主动推送的用电服务信息,为智能交费客户提供余额提醒等多类型消息,增强客户体验服务。

### 2. 签订协议

2.1 办理智能交费业务,应根据平等自愿原则,与用户协商签订协议,条款中应包括电费测算规则、测算频度,预警阈值、停电阈值,预警、取消预警及通知方式,停电、复电及通知方式,通知方式变更,有关责任及免责条款等内容。

2.2 对重要电力用户办理智能交费业务不宜采取远程停电方式,可与用户约定采用远程预警、取消预警与人工现场停复电相结合的执行方式,并且现场停复电时要确认保安电源和非电保安措施能够起到保安作用方可实施。

### 3. 远程费控策略调整

3.1 办理智能交费业务时,应仔细核对用户基础信息,进行实名制登记,以确保责权统一及预警、通知等信息的准确送达;要明确告知用户在联系方式变化时,应及时到供电企业办理变更手续。

3.2 对智能交费业务新装用户,在完成智能电能表及用电信息采集终端等设备安装及控制接线后,应进行智能交费功能调试,确保功能执行正确;对于智能交费业务变更用户,在变更业务开通前,应测试确认业务变更无误。

3.3 阈值设定:包括预警阈值设定、停电阈值设定。各单位可根据用户类型、电压等级、月用电费等情况与管理需要设定和变更预警与停电阈值标准。（建议值：预警限额：居民 30 元，非居民 100 元；停电阈值：0 元。）

3.4　对于银行代扣客户，可保留银行代扣电费结算方式不变，将此类客户接入远程实时费控系统，与客户签订补充协议，参照购电制客户约定通知方式和停电期限，明确每日进行电费测算并与客户银行账户余额进行比对，当出现银行账户余额小于客户测算应交电费金额或代扣不成功时实施远程停电。（目前安徽省的规定：对代扣客户，待用户月度电费发行后发起代扣任务，代扣失败时提醒账户代扣失败，三次及以上代扣失败时发起停电指令实施远程停电。）

## 4. 业务归档

综合服务班对单户或批量签约智能交费的客户，归档前再次确认协议中客户签字、阈值设定、联系方式等条款是否完整，系统中录入的内容是否与纸质档案一致。确认无误后，档案管理员负责对相关资料进行归档。

## 5. 日常监测

5.1　综合业务班指定专人针对智能交费业务采集成功率、停复电及时率、停复电成功率等指标的在线实时监控，及时发现并处理异常，确保智能交费业务流转顺畅，快速响应客户需求。

5.2　对不满足智能交费业务和信息安全要求的电能表、采集终端等计量装置及智能交费设备进行升级改造。选择配置具备自动分合闸功能的外置断路器，规范完善施工工艺，将停复电执行结果纳入计量现场巡检工作范围，及时处理计量装置故障。全面提高采集成功率、提升远程停复电成功率、及时率。

## 6. 异常处理

6.1　针对客户联络信息有误、用电信息采集不成功、远程停复电操作失败等问题，要建立闭环处理流程，明确人员责任、整改时限，并采取服务补救措施，化解客户疑虑与不满情绪。

6.2　有关系统功能及相互关系

6.2.1　智能交费业务有关功能通过远程实时费控系统、营销业务应用系统、用电信息采集系统、移动手机客户端以及手机短信、语音电话等互动平台实现。

6.2.2　营销业务应用系统远程实时费控系统实现阈值设定，电费测算，基准值比较，以及发起预警、取消预警、停电、复电请求等功能。

6.2.3　营销业务应用系统实现智能交费业务受理、预警、取消预警、停电、复电请求的处理、判断，向用电信息采集系统、互动平台下发相关指令，发起代扣业务，生成人工执行工单等功能。

6.2.4 用电信息采集系统实现向远程实时费控系统传输所需的用电信息,执行营销业务应用系统下达的远程停电、复电指令任务等功能,并向营销业务应用系统反馈停电、复电等指令任务执行结果。

6.2.5 互动平台接受智能交费业务应用相关系统指令,通过手机短信、语音电话、手机客户端等方式发送预警、取消预警,停复电等通知信息,并处理相关回复信息。

## 知识与标准

### 1. 知识

#### 1.1 智能交费

智能交费是指借助信息通信技术,通过远程实时费控、营销业务应用、用电信息采集等系统及手机短信、语音电话等互动平台,采集智能交费智能电能表信息,进行电费测算,远程下达电费预警、停复电等指令及信息,实现可用电费余额自动测算、余额信息自动预警、停复电指令远程发送的一种向用户计收电费的方式。

#### 1.2 预警阈值

预警阈值是指与购电制用户约定的在系统中预先设定的可用电费余额阈值,定时测算的可用电费余额到达该值时发起预警业务流程。

#### 1.3 停电阈值

停电阈值是指与购电制用户约定的在系统中预先设定的可用电费余额阈值,定时测算的可用电费余额到达该值时发起通知或停电业务流程。

#### 1.4 智能交费主要业务规则

1.4.1 电费测算:以营销业务应用系统的电费算法和记录的用户档案信息为依据,原则上按日进行测算。当日测算电量=本次示数(当日采集系统电能表冻结示数)-上次示数(最近一次营销发行电能表示数)。

1.4.2 预警:购电制用户可用电费余额达到预警阈值时,按与用户约定的通知方式发送预警信息,并由用电信息采集系统向智能电能表发送预警指令,智能电能表通过短停、亮屏等约定方式执行预警。

对于购电制银行代扣用户,首先通过营销业务应用系统发起代扣业务,代扣不成功的,发起预警业务流程;代扣成功的,直接发送通知告知有关信息。

1.4.2 取消预警:对已发起预警的用户,有购电行为时应即时触发电费测算,可用电费余额高于预警阈值的,发起取消预警业务流程。

1.4.2 停电:当可用电费余额达到停电阈值时,发起停电业务流程。根据协议约定,可选择自动停电或审批停电两种不同的方式。

1.4.5　复电:对实施远程停电的用户,当用户发生购电或交费行为,营销业务应用系统应立即响应,可用电费余额高于停电阈值时,发起复电业务流程。根据协议约定,可选择自动复电或安全复电两种不同的方式。

## 2. 标准

2.1　《国家电网公司关于 2017 年居民客户智能交费业务推广工作的意见》(国家电网营销〔2017〕236 号)

2.2　《智能交费业务规范(试行)》(国家电网营销〔2017〕236 号)

## 附表:

附表 20:智能交费补充服务协议

# 作业 27：低压光伏发电并网服务

低压光伏发电并网服务，是指并网电压 380/220V 的分布式光伏发电项目的并网受理、现场勘查、接入系统方案确定及答复、发用电合同签订、安装计量装置、并网验收及调试、资料归档全过程的作业。

## 作业流程

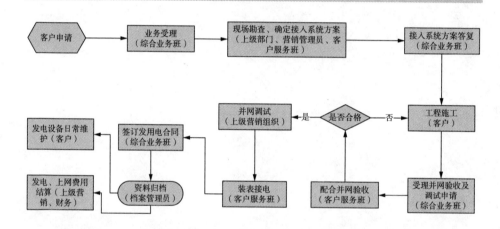

## 作业说明

**客户申请** 客户到营业厅申请办理分布式光伏并网业务。

**业务受理** 综合业务班受理业务，接收并查验客户并网申请资料，与客户约定现场勘查时间。

**现场勘查** 营销部组织相关部门开展现场勘查，客户服务班配合勘查工作。

**接入系统方案答复** 营销部负责组织相关部门审定 380/220 伏分布式电源接入系统方案，并出具评审意见；综合业务班负责答复接入系统方案，并由客户签字确认。

**受理并网验收与调试申请** 综合业务班负责受理客户并网验收与调试申请，协助客户填写申请表，接收、审验、存档相关材料。

**签订发用电合同** 综合业务班负责拟定发用电合同，并与客户签订发用电合同。

**安装计量装置** 客户服务班负责现场安装计量装置和采集设备。

**并网验收及调试** 营销部组织相关部门进行并网工程验收及调试，安排380/220伏接入项目并网运行等，负责辖区范围内分布式电源项目并网后抄表、核算、运行管理等营销服务工作；客户服务班配合开展相关工作。

**资料归档** 综合业务班整理所有业务资料，移交档案管理员归档。

## 作业要求

### 1. 客户申请

1.1 客户至营业厅办理光伏发电并网申请。

1.2 光伏发电客户提供的申请材料包括：

自然人申请需提供：经办人身份证原件及复印件、户口本、房产证（或乡镇及以上级政府出具的房屋使用证明）项目合法性支持性文件，银行账户信息。

法人申请需提供：经办人身份证原件及复印件和法人委托书原件（或法定代表人身份证原件及复印件）、企业法人营业执照、土地证项目合法性支持性文件、政府投资主管部门同意项目开展前期工作的批复（需核准项目）、发电项目前期工作及接入系统设计所需资料、用电电网相关资料（仅适用于大工业用户）。

### 2. 业务受理

2.1 受理客户并网申请，应主动向客户提供业务咨询服务，接收并查验客户申请资料，与客户预约现场勘查时间。

2.2 实行"首问负责制"和"一次性告知"服务方式，协助客户填写并网申请表，业务办理当日将相关信息录入营销业务系统。

### 3. 现场勘查

3.1 现场勘查时，应重点核实客户光伏项目计划装机容量、并网电压等级、发电量消纳方式、并网点等信息，结合现场电源条件，初步确定接入电源、计量方案，并填写现场勘查单。

3.2 对现场不具备接入条件的，应在勘查意见中说明原因，并向客户做好解释工作。

3.3 时限要求：受理报装申请后2个工作日内完成。

### 4. 接入系统方案答复

4.1　营销部负责按照国家、行业、企业相关技术标准及规定,参考《分布式电源接入系统典型设计》制定接入系统方案,并组织运检会审接入系统方案,出具评审意见。

4.2　营销部负责将审定接入系统方案传递至综合业务班,综合业务班负责答复客户。

4.3　接入系统方案时限要求:在完成现场勘查后,10个工作日制定接入系统方案,5个工作日内完成审查备案,3个工作日内完成方案答复。

### 5. 受理并网验收及调试申请

5.1　综合业务班负责受理客户并网验收与调试申请,协助客户填写申请表,接收、审验、存档相关材料,并报营销部及相关部门。

5.2　时限要求:受理并网验收及调试申请后2个工作日内完成。

### 6. 签订发用电合同

6.1　根据国家电网公司下发的统一发用电合同文本,拟订合同内容,形成合同文本初稿及附件。

6.2　发用电合同文本经双方审核批准后,由双方法定代表人、企业负责人或授权委托人签订,合同文本应加盖双方的"供用电合同专用章"或公章后生效;如有异议,由双方协商一致后确定合同条款。

6.3　时限要求:受理验收申请后,8个工作日内完成发用电合同签订工作。

### 7. 安装计量装置

7.1　分布式电源的发电出口以及与公用电网的连接点均应安装具有用电信息采集功能的智能表,实现对分布式电源的发电量和电力用户上、下网电量的准确计量。

7.2　现场安装前,应根据审核通过后的接入系统方案确认安装条件,领取智能电能表及互感器、采集终端等相关材料,并提前与客户预约装表时间。

7.3　采集终端、电能计量装置安装结束后,应核对装置编号、电能表起度及变比等重要信息,及时加装封印,记录现场安装信息、计量印证使用信息,请客户签字确认。

7.4　时限要求:受理验收申请后,8个工作日内完成。

### 8. 并网验收及调试

8.1　竣工检验时,应按照国家、电力行业标准、规程和客户竣工报验资料,对受电工程进行全面检验并出具并网验收意见。验收调试通过后直接转入并网运行。对于发现缺陷的,应以受电工程竣工检验意见单形式一次性告知客户,提出整改方案。

8.2 时限要求:自计量装置安装完毕后,10 个工作日内完成。

## 9. 资料归档

并网验收及调试成功转入并网运行后,应在 3 个工作日内收集、整理并核对归档信息和资料,形成资料清单,建立客户档案。

## 知识与标准

### 1. 知识

#### 1.1 分布式电源

分布式电源是指在用户所在场地或附近建设安装,运行方式以用户侧自发自用为主、多余电量上网,且在配电网系统平衡调节为特征的发电设施或有电力输出的能量综合梯级利用多联供设施。包括太阳能、天然气、生物质能、风能、地热能、海洋能、资源综合利用发电(含煤矿瓦斯发电)等。

#### 1.2 并网点、接入点、公共连接点

##### 1.2.1 全额上网,如下图所示。

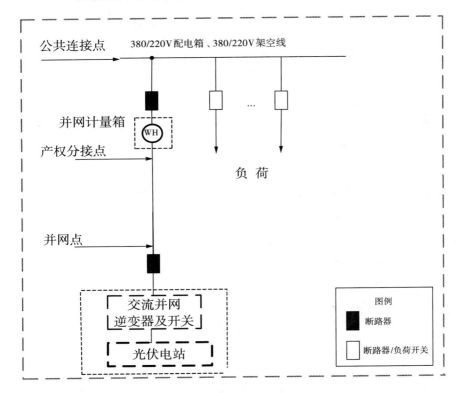

1.2.2 自发自用余电上网,如下图所示。

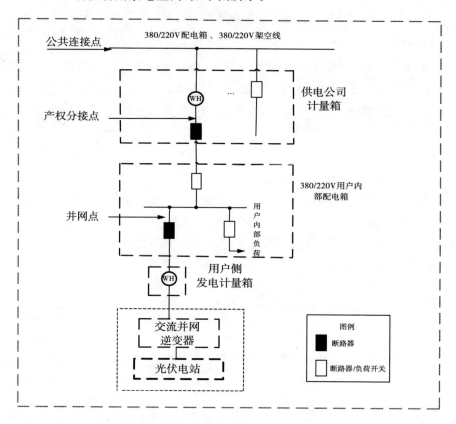

## 2. 标准

2.1 《国家电网公司分布式电源并网服务管理规则》国网(营销/4)386
—2014

2.2 《国网安徽省电力公司分布式电源并网服务管理实施细则(修订版)》

2.3 《分布式光伏发电接入系统典型设计(2016 版)》

## 附表

附表 21:分布式光伏发电项目并网申请表

附表 22:低压分布式光伏发电项目现场勘查单

附表 23:分布式光伏发电项目并网验收和调试申请表

附表 24:分布式光伏发电项目并网验收意见单

# 作业 28:低压充换电设施用电管理

低压充换电设施用电业务,是指供电电压为 380/220V 的充换电设施的用电受理、现场勘查、供电方案确定及答复、设计审查、工程建设、竣工验收、供用电协议签订、安装计量装置、资料归档全过程的作业。

## 作业流程

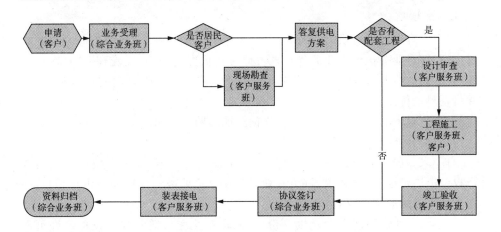

## 作业说明

**业务受理**　综合业务班通过营业厅或线上渠道受理客户低压充电桩办理申请。

**现场勘查**　客户服务班负责现场勘查用户情况,明确是否有配套工程,并填写勘查单。

**答复供电方案**　客户服务班根据勘查情况,向客户答复供电方案。

**设计审查**　客户服务班对客户的工程设计进行审查。

**工程建设**　如有低压电网配套工程,由客户服务班完成产权分界点至电网侧的配套接网工程建设。产权分界点负荷侧的工程由客户自行建设。

**竣工验收**　客户服务班按照国家、行业标准、规程和客户竣工报验资料,对受电工程涉网部分进行全面验收。

**协议签订** 竣工检验合格后,综合业务班与客户签订《电动汽车充电桩供用电协议》。

**装表接电** 具备装表条件后,台区经理完成采集终端、电能计量装置的安装。

**资料归档** 综合业务班完成系统及纸质资料归档。

## 作业要求

### 1. 业务受理

1.1 客户可通过供电所营业厅、掌上电力 APP、95598 网站等办电服务渠道申请,综合业务班负责业务受理,实行"首问负责制"、"一证受理"、"一次性告知"、"一站式服务",提供办电预约上门服务。在一个工作日内完成资料审核,并将资料上传。

1.2 对于非居民客户,应与客户预约现场勘查时间。

1.3 客户提供资料如下:

1.3.1 居民低压客户需提供居民身份证或户口本、固定车位产权证明或产权单位许可证明、物业出具(无物业管理小区由业委会或居委会出具)同意使用充换电设施的证明材料。

1.3.2 非居民客户需提供身份证、固定车位产权证明或产权单位许可证明、停车位(库)平面图、物业出具(无物业管理小区由业委会或居委会出具)允许施工的证明等资料。

### 2. 现场勘查

2.1 应重点核实客户负荷性质、用电容量、用电类别等信息,结合现场供电条件,确定电源、计量、计费方案,并填写《现场勘查工作单》。

2.2 现场勘察工作时限:在受理申请后 1 个工作日内完成。

### 3. 答复供电方案

3.1 根据国家、行业相关技术标准组织确定供电方案,并答复客户。同时告知客户委托设计的有关要求及注意事项。

3.2 对于居民低压客户,在受理申请时直接答复供电方案。

3.3 对于非营业厅受理的,在现场勘查时答复方案。

3.4 答复供电方案工作时限:在自受理之日起低压客户 1 个工作日。

### 4. 设计审查

4.1 在受理客户设计审查申请时,接收并查验客户设计资料,审查合格后正式受理,按照国家、行业标准及供电方案要求进行设计审查。答复客户设计审查结果的同时,告知客户委托施工有关要求及注意事项。

4.2　设计审查工作时限:受理设计审查申请后 10 个工作日内完成。

## 5. 工程建设

5.1　客户根据设计开展充电设施接入电网工程(产权分界点负荷侧的)建设。

5.2　客户服务班开展产权分界点至电网侧的配套接网工程建设。

## 6. 竣工验收

6.1　在受理客户充换电设施竣工检验申请后,组织进行工程验收,并出具验收报告。

6.2　验收过程应重点检查是否存在超出电动汽车充电以外的转供电行为,充换电设施的电气参数、性能要求、接口标准、谐波治理等是否符合国家或行业标准。

6.3　若验收不合格,提出整改意见,待整改完成后复检。

## 7. 签订协议

7.1　与客户《电动汽车充电桩供用电协议》的签订工作。

7.2　居民低压客户采取背书方式签订。

7.3　对于居民客户,若验收合格可直接签订《电动汽车充电桩供用电协议》。

## 8. 装表接电

8.1　客户服务班完成装表接电工作,装表接电工作时限为 1 个工作日。

8.2　对于居民客户,若验收合格并办结有关手续,在竣工检验时同步完成装表接电工作。

## 9. 资料归档

装表接电完成后,应及时收集、整理并核对报装资料,交由档案管理员归档。

### 知识与标准

## 1. 知识

1.1　充换电设施,是指与电动汽车发生电能交换的相关设施的总称,一般包括充电站、换电站、充电塔、分散充电桩等。

1.2　充换电设施用电报装业务种类

充换电设施用电报装业务分为以下两类：

第一类：居民客户在自有产权或拥有使用权的停车位（库）建设的充电设施。申请时宜单独立户，发起低压非居民流程。

第二类：其他非居民客户（包括高压客户）在政府机关、公用机构、大型商业区、居民社区等公共区域建设的充换电设施。

非居民客户的充电设施按照设施用途可分为2类：

（1）自建自用，非经营性质。

（2）对外提供充换电服务，具有经营性质，主要是指政府相关部门颁发营业执照的，且营业执照中的经营范围明确了允许开展电动汽车充换电业务的合法企业，在一个固定集中的场所，开展充换电业务。

1.3　对电动汽车充换电设施用电实行扶持性电价政策

1.3.1　对向电网经营企业直接报装接电的经营性集中式充换电设施用电，执行大工业用电价格。2020年前，暂免收基本电费。

1.3.2　其他充电设施按其所在场所执行分类目录电价。其中，居民家庭住宅、居民住宅小区、执行居民电价的非居民用户中设置的充电设施用电，执行居民用电价格中的合表用户电价；党政机关、企事业单位和社会公共停车场中设置的充电设施用电执行"一般工商业及其他"类用电价格。

1.3.3　电动汽车充换电设施用电执行峰谷分时电价政策。鼓励电动汽车在电力系统用电低谷时段充电，提高电力系统利用效率，降低充电成本。

## 2. 标准

2.1　《关于做好电动汽车充换电设施用电报装服务的意见》（国家电网营销〔2014〕526号）

2.2　《安徽省电力公司电动汽车充换电设施竣工验收细则（试行）》（皖电营销〔2013〕306号）

2.3　关于电动汽车用电价格政策有关问题的通知（发改价格〔2014〕1668）

**附表：**

附表25：充换电设施报装申请表

附表26：电动汽车充电桩供用电协议

附表27：低压客户充换电设施现场勘察工作单

**附录：**

附录3：充换电设施用电申请需提供资料清单

# 作业 29：电能替代推广

　　贯彻落实国家八部委《关于推进电能替代的指导意见》（发改能源〔2016〕1054 号）和《国家电网公司深入推进电能替代的实施方案》（国家电网营销〔2016〕674 号）要求，进一步规范电能替代全流程管控，提升精益化管理水平，有效促进电能替代市场开拓和公司售电量增长。

## 作业流程

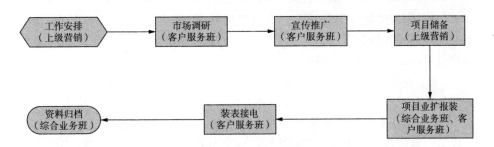

## 作业说明

　　**市场调研**　营销管理员组织客户服务班搜集、整理电能替代市场信息，了解电能替代技术应用情况，做好替代宣传，为公司开展电能替代、制定精准营销策略提供客观、准确支撑。

　　**宣传推广**　台区客户经理配合上级营销部门，宣传推广电能替代成功经验和典型项目，积极介绍电能替代在促进节能减排、带动产业转型升级、提升经济效益方面的成效。

　　**项目储备**　台区客户经理配合上级营销管理人员通过全面筛选、市场调查、推介宣传，将有实施意向的替代项目列为潜力项目，上级营销部门将项目信息录入电能服务管理平台电能替代项目储备库，进行统一规范管理。

　　**项目业扩报装**　根据用户申请，综合业务班受理电能替代项目业扩报装业务。营销管理员组织客户服务班进行现场勘察、拟定供电方案、与客户签订供用电合同。

> **装表接电** 合同签订后,客户服务班现场安装计量装置和采集设备,完毕后进行送电。
>
> **资料归档** 综合服务班将电能替代项目业扩报装中的所有资料留存归档,并复印后交给公司营销部市场班进行归档。

## 作业要求

### 1. 市场调研

市场调研重点是摸清替代潜力,主要包括:

1.1 潜力信息收集与筛查。通过市场调查、营业普查、营销业扩报装、用电检查等途径收集分析用户用能情况,测算电能替代潜力,筛选电能替代潜力用户及项目,编制重点潜力项目清单。

1.2 效益评估。上级营销部门组织技术人员,评估分析重点潜力项目的经济效益及可行性,提出初步技术方案。

1.3 项目推介。台区客户经理通过向用户宣传推介经济效益好、应用广泛成熟的替代技术和方案,引导用户实施电能替代。对用户意愿强、实施替代可能性大的项目纳入项目储备管理。

### 2. 宣传推广

2.1 推进电能替代的重要意义

当前,我国电煤比重与电气化水平偏低,大量的散烧煤与燃油消费是造成严重雾霾的主要因素之一。电能具有清洁、安全、便捷等优势,实施电能替代对于推动能源消费革命、落实国家能源战略、促进能源清洁化发展意义重大,是提高电煤比重、控制煤炭消费总量、减少大气污染的重要举措。稳步推进电能替代,有利于构建层次更高、范围更广的新型电力消费市场,扩大电力消费,提升我国电气化水平,提高人民群众生活质量。同时,带动相关设备制造行业发展,拓展新的经济增长点。

2.2 主要宣传方式

2.3.1 加强同政府相关部门的沟通协调,积极开展走访活动,积极向政府主管单位汇报,争取理解支持,重点协调地方主要媒体,全方位宣传电能替代工作。

2.3.2 充分发挥公司营销网络优势,结合营业厅服务、日常用电检查、大客户走访等日常工作,开展进校园、进社区、进村庄主题宣讲,与用户面对面交流,深入宣传电能替代优势。

2.3.3 全面推广"一册三页"宣传举措。编制印发电能替代工作指导手册口袋书,方便基层工作人员随用随查,为潜力客户提供技术指导。

2.3.4 充分发挥新媒体优势,利用网络、手机 APP 等媒质全面推广电能替代技术、产品及案例,全方位展示公司电能替代成效。

2.3.5 继续深化开展"电网连万家、共享电气化"主题活动。创新活动方式,拓展受众范围,深入挖掘居民用电销售市场,在全社会营造提升家庭电气化水平的良好氛围,大力提升城乡居民家庭电气化水平,切实提升公司品牌形象。

### 3. 项目业扩报装

3.1 对用户电能替代项目业扩报装要开辟"绿色通道",提供"一站式"服务,提高报装效率。

3.2 综合柜员受理电能替代项目业扩报装业务时,在项目申请单上注明"电能替代项目",台区客户经理现场查勘进行确认,拟定供电方案,纳入业扩报装"绿色通道"管理。

3.3 市、县供电公司营销部市场班人员对电能替代项目的业扩报装实行专人负责制,全过程跟踪服务,缩短业扩报装工作时限。

### 4. 装表接电

4.1 电能替代设备应单独装表计量,通过人工抄表或用电信息采集系统采集统计,做到"一设备一计量"。对于应用区域集中、分散式替代设备(如分散电采暖)应推广加装嵌入式计量模块,实现"随器计量"。

4.2 替代项目现场确实不具备装表条件的,可采用定比定量方式(即根据电能表计量的总电量,通过核定一定比例或一定电量)统计认定替代电量。定比系数应按照就低不就高的原则取值。

4.3 应努力创造条件,通过加强计量改造等措施逐年提高单独装表计量替代电量的比例,减少定比系数引起的替代电量偏差。

4.4 客户服务班配合公司营销部市场班人员进行验收送电,核实电能替代设备安装、投运情况。

### 5. 资料归档

项目送电后,市、县供电公司营销部市场班人员负责对电能替代项目相关资料进行归档。归档资料至少包括初步技术方案和竣工验收记录。

## 知识与标准

### 1. 知识

#### 1.1 电能替代

是指终端能源消费环节,使用电能替代散烧煤、燃油的能源消费方式,如电采暖、地能热泵、工业电锅炉(窑炉)、农业电排灌、电动汽车、靠港船舶使用岸电、机场桥载设备、电蓄能调峰等。

### 1.2 电能替代项目分类

可分为公司主导推动、公司带动推广和社会自主实施等三类。

1.2.1 公司主导推动是指公司营销人员在业扩报装、用电检查中挖掘跟踪,以及公司投资建设的替代项目。如燃煤自备电厂清洁替代、分散电采暖等。

1.2.2 公司带动推广是指通过公司推介成熟技术、展示示范成果和宣传政策引导,以及公司提供电网配套服务的替代项目。如电锅(窑)炉、电蓄冷、港口岸电等(公司投资建设项目除外)。

1.2.3 社会自主实施是指因技术进步带动新型用电技术、设备替代传统化石能源的替代项目。如轨道交通、家庭电气化等。

### 1.3 电能替代推广主要领域

1.3.1 居民采暖领域 对有采暖需求的地区,重点对燃气(热力)管网覆盖范围以外的学校、商场、办公楼等热负荷不连续的公共建筑,大力推广碳晶、石墨烯发热器件、发热电缆、电热膜等分散电采暖替代燃煤采暖。

在燃气(热力)管网无法达到的老旧城区、城乡接合部或生态要求较高区域的居民住宅,推广蓄热式电锅炉、热泵、分散电采暖。

在农村地区,逐步推进散煤清洁化替代工作,大力推广以电代煤。在新能源富集地区,利用低谷富余电力,实施蓄能供暖。

1.3.2 生产制造领域 在生产工艺需要热水(蒸汽)的各类行业,逐步推进蓄热式与直热式工业电锅炉应用。重点在服装纺织、木材加工、水产养殖与加工等行业,试点蓄热式工业电锅炉替代集中供热管网覆盖范围以外的燃煤锅炉。在金属加工、铸造、陶瓷、岩棉、微晶玻璃等行业,在有条件地区推广电窑炉。在采矿、食品加工等企业生产过程中的物料运输环节,推广电驱动皮带传输。推广电制茶、电烤烟、电烤槟榔等。结合高标准农田建设和推广农业节水灌溉等工作,加快推进机井通电。

1.3.3 交通运输领域 支持电动汽车充换电基础设施建设,推动电动汽车普及应用。在沿海、沿江、沿河港口码头,推广靠港船舶使用岸电和电驱动货物装卸。支持空港陆电等新兴项目推广,应用桥载设备,推动机场运行车辆和装备"油改电"工程。

1.3.4 电力供应与消费领域 在可再生能源装机比重较大的电网,推广应用储能装置,提高系统调峰调频能力,更多消纳可再生能源。在城市大型商场、办公楼、酒店、机场航站楼等建筑推广应用热泵、电蓄冷空调、蓄热电锅炉等,促进电力负荷移峰填谷,提高社会用能效率。

## 2. 标准

2.1 《国家电网公司办公厅转发发展改革委等八部委关于推进电能替代的指导意见的通知》办营销〔2016〕68号

2.2 《国网营销部关于印发电能替代工作规则的通知》营销市场〔2017〕17号

2.3 《国网安徽省电力公司关于全面实施2017年电能替代工作的指导意见》皖电营销〔2017〕37号

# 四、所务管理

## 所务 1：班组会议

按照《国家电网公司班组建设管理标准》(国家电网企协〔2010〕861 号)和《国家电网公司会议管理办法》(国家电网办〔2014〕7 号)要求，乡镇供电所应根据班组计划，定期召开所务会议、安全生产例会、政治理论学习、民主生活会等工作例会，宣贯上级工作、沟通信息、安排和协调工作。

### 工作流程

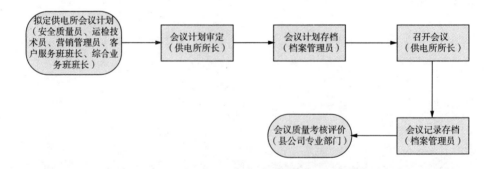

### 工作说明

**拟定供电所会议计划** 安全质量员、运检技术员、营销管理员、客户服务班班长和综合业务班班长结合本班组岗位职责和上级公司要求，拟定安全生产、设备运维、营销管理和供电服务等会议计划报供电所所长审核。

**会议计划审定** 供电所所长组织三员和两班组班长讨论审定会议计划。

> **会议计划存档**　档案管理员将确定的班组会议计划存档。
>
> **召开会议**　根据确定的班组会议计划定期召开会议,做好会议内容学习、问题讨论、整改措施等的记录,针对会议讨论分析的重点落实责任人。
>
> **会议记录存档**　档案管理员将会议记录及相关支撑资料进行存档,及时跟踪工作落实等情况。
>
> **会议质量考核评价**　县公司专业部门定期对供电所会议质量进行评价。

## 工作要求

### 1. 拟定供电所会议计划

1.1　安全质量员、运检技术员、营销管理员、客户服务班班长、综合业务班班长每月(周)要结合县公司要求、班组职责、当前工作任务、存在的问题等,拟订安全生产、设备运维、营销管理和供电服务等会议计划报供电所长审核。

1.2　班组会议计划制定应明确会议时间、会议主题和参会班组及人员。

1.3　班组会议计划每月应统筹安排安全生产例会、营销服务分析会、供电所所务会等会议,周例会每月不少于 2 次,月例会每年不少于 12 次。会议可实行"一会多主题"形式,周例会、月度例会、季度例会、安全日活动会等各项会务活动可合并召开,会议分别记录,或安全活动会单独记录、其他会议统一记录。

1.4　供电所每周进行一次安全日活动。要做到全员参加,所有参加活动的人员均应由本人签到,如有缺席应注明原因,在活动后及时补课。活动要做好记录,并全程录音,录音记录要保存一年,活动记录要及时上传至安监一体化平台"班组安全建设"模块。班组安全日活动由所长主持,所长不在由副所长主持,作业现场可由工作负责人或安全质量员主持。主要学习上级安全规章制度,电力行业的专业安全工作规程以及安全生产责任制、消防管理制度、设备管理制度、安全工器具使用管理制度等。同时对本周安全状况进行分析、讲评、交流、总结以及下周安全工作要求和安排,并针对近期现场工作中遇到的安全技术问题进行讨论。所长、安全质量员在安全日活动前要做好充分准备,每期安全日活动内容要充实、联系实际、有所侧重、形式多样、讲求实效,切忌流于形式。

### 2. 会议计划审定

2.1　供电所所长组织三员和两班组班长讨论审定会议计划。

2.2 供电所所长按会议类型和范围审定会议时间和参会人员。

2.3 供电所所长根据会议的重要性和必要性确定会议是否邀请相关部门人员参会。

### 3. 会议计划存档

档案管理员负责将审定后的会议计划进行存档并发布会议通知。

### 4. 召开会议

4.1 生产、营销例会,原则上由供电所长主持,所长外出的,由书记或副所长主持,重要的会议,必须有所长参加的,会期可顺延。

4.2 各班组负责本班组职责主题的会议相关记录,定期整理会议记录及相关支撑资料交档案管理员存档。

### 5. 会议记录存档

5.1 每次会议召开,要有专人记录。所有参会人员必须在会议记录薄上签到,记录完整的会议记录,并由档案管理员存档。

5.2 存档内容包括会议通知、会议记录、文字和宣传资料、影像录音资料、图片及会议纪要等。

5.3 安全日活动例会的相关会议记录、会议录音等影像资料还应及时上传录入至安检一体化平台系统。

### 6. 会议质量考核评价

6.1 档案管理员按月整理并存档召开的各类会议记录、支撑材料等资料,并妥善保管。

6.2 县公司相关专业部门定期对供电所会议召开质量进行考核评价。

## 知识与标准

### 1. 知识

#### 1.1 营销服务分析会

在月度分析会上开展营销服务分析工作,要对本所电量、线损、电费、售电单价、计量采集等指标和计量巡视、电费收取、节能降损、用电检查、营业普查、优质服务(营业厅服务、现场服务、投诉预控)等工作进行逐项分析;查找工作中存在的不足,制定提升措施。

#### 1.2 安全日活动

供电所每周或每个轮值进行一次安全日活动,活动内容应联系实际,有针对性,并做好记录。上级主管部门相关负责人每月至少参加一次供电所安全日活动,并检查活动开展情况。

## 2. 标准

2.1 《国家电网公司班组建设管理标准》(国家电网企协〔2010〕861 号)

2.2 《国家电网公司会议管理办法》(国家电网办〔2014〕7 号)

## 附表

附表 1:会议记录(适用于除安全活动会议等专项会议通用会议记录)

# 所务 2:班组计划

客户服务班、综合业务班班长按照上级单位下达的指标、任务及班组日常工作,编写年度、月度、周班组计划。所长根据各班组制定的计划结合上级工作要求,制定供电所年度、月度、周工作计划,组织开展工作,并就计划完成情况进行总结。

班长应根据班组计划,落实日管控。供电所管理人员应根据班组计划,落实管理、督促与抽查工作。所长每月对计划完成情况进行检查,并考核到人。

## 工作流程

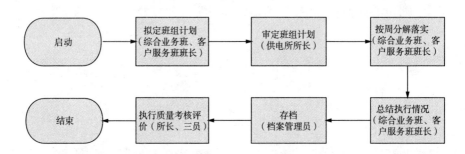

## 工作说明

**拟定班组计划**　班长拟定年度、月度、周班组计划。

**审定班组计划**　所长结合上级工作要求及本所情况,审核、修改各项班组计划。

**按周分解落实**　班长按周分解计划,将工作任务分解落实到人。

**总结执行情况**　班长完成年度、月度工作总结及周工作完成情况记录。

**存档**　各班组将年度计划及总结、月度计划及总结、周计划及完成情况,交由档案管理员分别存档。

**执行质量评价考核**　供电所所长组织三员对班组计划完成质量进行评价、考核。

## 工作要求

### 1. 拟定工作计划

1.1 班长根据县公司对供电所下达的指标、任务、年度重点工作、管理薄弱环节等拟定年度、月度、周班组计划。

1.2 计划主要内容应包含安全、生产、营销及综合管理四个方面。

1.3 对应于本班组基本职责的每项工作,班组均应在计划中建立量化、可查的目标值。

1.4 计划拟定应结合实际情况,确保完成任务。

### 2. 审定班组计划

2.1 所长综合考虑全所指标及任务,审核、修改班组计划,将年度、月度任务合理分配至各班组。

2.2 若各班组计划存在冲突、遗漏,所长应及时协调修改。

2.3 审定后的班组计划应及时下达至各班组,并宣贯到每位所员。

### 3. 按周分解落实

3.1 班长根据审定后的年度、月度计划按周分解,拟定周计划,对于审定后的周计划,按人分解,落实责任,跟踪到位。

3.2 班长在周例会中解读周计划,确保每位班员明确自身任务,需要安排具体工作时间、时间段完成的工作,应交代清楚。

3.3 所长对各班组周计划落实情况实行监督。

3.4 班长对所属班员周计划落实情况实行日管控,及时督促班员日常工作。

3.5 对于周计划未按要求完成的,应滚动纳入下周工作计划。

### 4. 总结执行情况

4.1 班长根据工作完成情况,编写年度、月度工作总结,分析、说明存在问题及整改措施。

4.2 班长每周据实向所长反馈上周工作完成情况。

### 5. 存档

各班组将年度计划及总结、月度计划及总结、周计划及完成情况,交由档案管理员分别存档。

### 6. 执行质量评价考核

6.1 所长及三员在月度例会中通报、点评各班组上月工作落实情况,表扬优秀员工,提醒考核靠后员工。

6.2 所长及三员根据各班组工作表现、工作总结,分析计划落实中存在的问题,督促整改。

6.3 计划完成质量作为所内农电员工绩效考核的重要依据,考核到每位所员。

6.4 对于班组或个人主观原因造成计划不能执行的,所长应严肃考核到位。

## 知识与标准

### 标准

2.1 《国家电网公司班组建设管理标准》(国家电网企协〔2010〕861 号)

2.2 《国家电网公司星级乡镇供电所评价规范作业指导书》

2.3 国网安徽省电力公司关于印发乡镇供电所优化设置实施意见的通知(皖电人资〔2017〕69 号)

### 附表

附表 2:工作计划及总结

# 所务 3:培训管理

为进一步加强供电所员工的培训管理工作,培养造就适应国家电网公司发展需要的高技能人才队伍,供电所的培训管理需根据不同岗位特点,有针对性地按计划开展培训工作。针对"全能型"供电所组织架构和作业模式的转变,组织开展上岗作业准入资格培训和岗位能力适应性培训,拓展培训内容和形式,重点开展"一专多能"复合型岗位培训,加强对岗位标兵的培养及选拔任用。

## 工作流程

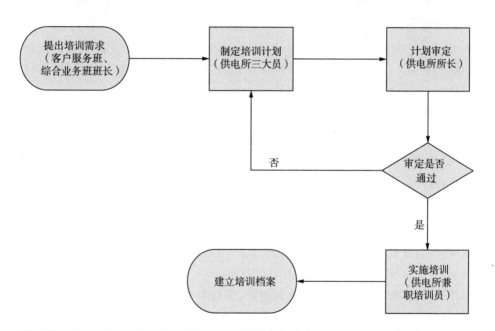

## 工作说明

**提出培训需求** 供电所客户服务班和综合业务班班长结合上级要求,根据不同岗位特点和实际需求提出本班组培训需求。

**制定培训计划** 供电所三大员根据培训需求和各自的职责范围,制定相应的培训计划。

> **计划审定** 供电所所长对培训计划进行审定。
> **实施培训** 供电所根据培训计划,安排培训教师开展相关培训。
> **建立培训档案** 供电所在培训结束时需对员工进行考核,并建立员工培训档案。

## 工作要求

### 1. 提出培训需求

客户服务班和综合业务班班长结合上级要求,依据岗位能力标准,分析班组人员业务素质和技能水平与岗位要求的差距,提出针对性的培训需求。

### 2. 制定培训计划

供电所三大员依据各自的岗位职责,根据培训需求制定相应的培训计划,并由其中一人负责汇总编制供电所年度培训计划,需包括现场培训、岗位练兵、师带徒、技术竞赛、学习日活动等培训计划内容。

### 3. 计划审定

供电所所长对年度培训计划进行审核,核查是否符合上级有关的培训要求,能否达到培训目标。对不符合要去或不能达到培训目标的,要求三大员修改培训计划,直至符合要求并达到目标。

### 4. 实施培训

4.1 现场培训:供电所因地制宜建立培训场地,完善培训设备,台区或线路执行《国家电网公司配电网工程典型设计》,利用培训场地开展计量装置安装培训、采集运维培训、三相负荷不平衡调整培训、漏保测试项目培训、漏电开关操作项目培训、模拟漏电查找项目培训、无功补偿项目培训、绝缘电阻测量培训、拉线上下把制作项目培训、电缆头制作项目培训、接地电组测试项目培训等与现场有关的培训。

4.2 岗位练兵:岗位练兵采取在岗自学和全员培训相结合的方式,定期开展全员岗位能力培训。根据国家行业准入和公司有关持证上岗管理制度,新入单位的生产技能人员(含实习、代培人员)、转岗人员以及从事特殊岗位(工种)工作的生产技能人员,必须按规定进行安全教育培训及相应技能培训,经《电力安全工作规程》考试合格,并取得岗位(职业)资格证书方可上岗。

供电所加强对复合型人才和岗位标兵的培养及选拔任用,供电所人员需全部参加职业技能鉴定,要求技能鉴定证书和进网许可证的持证比例达到100%。

4.3　职业导师指导（师带徒）：供电所针对每位新进、转岗、中级工及以下工作人员，各班班长为其配备职业导师，每年签订师徒合同，明确培养目标、培训内容与期限、考核办法、双方责任等内容，班长需全过程监督与效果评估，确保培养效果，年底由所长进行考核，考核成绩计入个人培训考试档案。

4.4　安全教育培训：按月组织开展安全教育培训，安全教育培训内容包括：安全生产规程、规定；班组专业生产特点和安全技能要求；"两票"实施细则；现场作业组织措施、技术措施、安全措施和危险点分析控制；个人安全防护要求；自救互救、急救方法、疏散和现场紧急情况的处理，消防器材使用与火灾逃生、风险点辨识及防范、机械、工器具性能和使用方法；安全文明生产要求等内容。供电所负责人指定人员填写培训记录，供电所负责人每月底审核。

4.5　消防、交通、应急培训：每年开展不同层面的消防、交通、应急理论和技能培训，结合实际经常向全体员工宣传应急知识。定期组织开展应急演练，每季度至少组织一次现场处置方案演练，每年至少参加一次市、县组织的专项应急演练。

4.6　安全工器具使用培训：供电所每年至少应组织一次安全工器具使用方法培训，新进员工上岗前应进行安全工器具使用方法培训，新型安全工器具使用前应组织针对性培训。

4.7　建立培训台账：供电所所长指定人员填写培训记录，供电所所长每月底审核。各班组（供电所）应建立完善以下培训台账：

①《供电所教育培训计划表》②《供电所培训任务完成情况季度统计表》③《年度培训任务完成情况统计表》④《培训记录》⑤《各类竞赛、调考及考试成绩记录》。以上①~⑤项的台账，全部为手工记录。

4.8　其他要求

4.8.1　《供电所培训任务完成情况季度统计表》《年度培训任务完成情况统计表》，在季度或年度末25日前登记。

4.8.2　《培训记录》中，技术讲课每月进行一次。

4.8.3　《培训记录》中，安全规程学习每季度至少一次。

4.8.4　《各类竞赛、调考及考试成绩记录》，据实记载。

4.8.5　《供电所教育培训计划表》《供电所培训任务完成情况季度统计表》《年度培训任务完成情况统计表》与《培训记录》闭环管理。

## 5. 建立培训档案

供电所需建立员工培训档案，对供电所参培人员的培训情况均应纳入其个人培训档案。

## 知识与标准

### 1. 知识

1.1 现场培训:以岗位能力要求为重点内容,以提升技能人员解决现场实际问题的能力为目标,注重新工艺、新技术、新设备、新材料培训。

1.2 岗位练兵:立足岗位,苦练过硬本领,学技术、练绝活、干一流、争第一,争当岗位能手。

1.3 职业导师指导(师带徒):指具有优良的职业道德、熟练的操作技能与专业特长,工作经验丰富和贡献突出的各专业技术、技能人才,对新进员工或新转岗员工的岗前和在岗培训,通过一对一地"传、帮、带",指导和引领在岗位上学本领、长才干的一种实践活动。

### 2. 标准

2.1 《国家电网公司生产技能人员培训管理规定》(国家电网企管〔2014〕1553 号)

2.2 《国家电网公司教育培训管理规定》(国家电网企管〔2014〕273 号)

2.3 《国家电网公司教育培训项目管理办法》(国家电网企管〔2014〕273 号)

2.4 《国家电网公司安全工作规定》(国家电网企管〔2014〕1117 号)

2.5 《国家电网公司配电网工程典型设计》

2.6 《国家电网公司星级乡镇供电所评价规范作业指导书》

### 附表

附表 3:年度培训任务完成情况统计表

附表 4:供电所教育培训计划表

附表 5:供电所个人培训档案

附表 6:师徒合同

附表 7:培训记录

附表 8:供电所培训任务完成情况季度统计表

附表 9:供电所各类竞赛、调考及考试成绩记录

# 所务4:绩效考核

为进一步深化乡镇供电所全员绩效管理工作,优化和统一供电所各班组绩效考核模式,规范日常工作,强化正向激励,供电所应根据县公司考核办法制定各所考核细则,坚持"分层分类、量化考核;科学评价、强化激励"的原则。在考核过程中遵守实事求是、客观公正的原则,对被考核人进行公平、公正、客观的评估。

## 工作流程

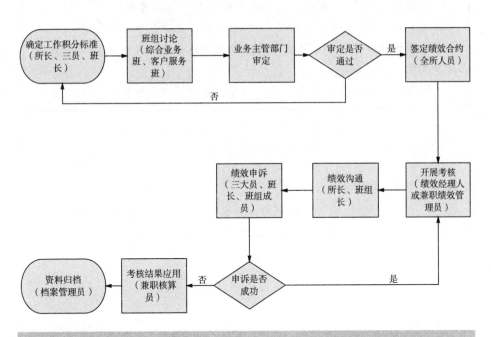

## 工作说明

**确定工作积分标准** 供电所所长、管理人员和班组长结合上级工作要求,梳理分析各班组核心业务工作,确定工作分类和需纳入绩效考核的具体工作项目。

**班组讨论** 班组员工对绩效考核项目和工作积分标准进行讨论。

> **业务主管部门审定**　业务主管部门对各供电所提交的工作积分标准进行审核确定,重点审核积分标准规范性和合理性。
>
> **签订绩效合约**　所长与管理人员和班组长签订绩效合约,班组长与班组员工签订绩效合约。
>
> **开展考核**　班组绩效经理人或兼职绩效管理员根据员工工作任务完成情况和工作积分标准,及时、准确记录员工日常工作积分,并对员工在一个考核周期内的工作积分进行累计计算,一般应"日清月结"。
>
> **绩效沟通**　所长应根据三大员和各班长绩效考核情况,每季度至少与三大员和班长进行一次绩效沟通,班长根据员工绩效考核情况,每季度至少与员工进行一次绩效沟通。
>
> **绩效申述**　员工、班组长或三大员如对个人绩效考核结果有异议的,可按规定程序填写《绩效申诉表》向班组长或所长提出申诉。
>
> **考核结果应用**　供电所员工的绩效工资根据考核结果由供电所兼职核算员核算发放。
>
> **资料归档**　供电所档案管理员每月将考核资料进行整理归档。

## 工作要求

### 1. 确定工作积分标准

1.1　供电所所长、管理人员和班组长结合上级工作要求,梳理分析各班组核心业务工作,确定工作分类和需纳入绩效考核的具体工作项目。

1.2　通过对班组核心业务工作量、工作难度及角色分工的梳理分析,采取工时转换分值等方法,班组员工在标准积分库的基础上,民主协商选取/制定工作数量积分标准。

### 2. 班组讨论

各班组可根据班组实际对工作积分项目和积分标准等进行调整,最终结果需经班组全体成员讨论确定,经 80％ 及以上班组员工同意并签名后,报上一级业务主管部门审定。

### 3. 业务主管部门审定

3.1　业务主管部门对供电所提交的工作积分标准进行审核确定,重点审核积分标准规范性和合理性,如是否符合班组工作实际,是否经过班组员工共同确定,各班组之间积分标准差异是否合适等。

3.2  业务主管部门审定同意后签章下发供电所实施。

## 4. 签订绩效合约

4.1  每年年初所长根据与公司签订的年度绩效合约组织管理人员、班组长和班组员工民主选取适当的积分项和积分标准,将工作任务分解到班组所属员工。

4.2  每年年初供电所所长与公司业务主管部门签订绩效合约,供电所所长与三大员和班组长签订绩效合约,班组长与班组员工签订绩效合约。

## 5. 开展考核

### 5.1  考核积分

班组绩效经理人或兼职绩效管理员根据员工工作任务完成情况和工作积分标准,及时、准确记录员工日常工作积分,并对员工在一个考核周期内的工作积分进行累计计算,一般应"日清月结"。班组派员工外出参加会议、培训、学习等从事因公事务,其分值可按班组其他员工同期的平均分值计算。

### 5.2  积分看板

班组按月将工作积分情况进行统计排序,并在班组内以电子表格或纸质文档等方式进行公示,公示内容应包括班组所有在岗员工姓名、岗位、月度工作积分及换算成考核得分等情况。

### 5.3  积分总结

各班组根据工作积分完成情况每季度进行小结,分析存在的问题、提出改进计划;每年末,对本年度绩效考核工作进行全面总结。

## 6. 绩效沟通

6.1  所长应根据三大员和各班长绩效考核情况,每季度至少与三大员和班长进行一次绩效沟通,各班组长应根据员工绩效考核情况,每季度至少与员工进行一次绩效沟通。对业绩突出的员工及时表扬;对考核靠后的员工,分析绩效偏差,提出改进计划,并督导执行。

6.2  根据每季度绩效沟通情况,填报《绩效沟通和改进计划评定表》(附件7),被考核人、绩效经理人双方签字确认。改进计划应符合班组实际,针对班员个人特点,具备可操作性。

## 7. 绩效申述

三大员、班组长和班组员工如对个人绩效考核结果有异议的,可按规定程序填写《绩效申诉表》向班组长或所长提出申诉。

## 8. 考核结果应用

8.1  三大员、班长和班组员工的绩效工资根据考核结果核算发放。按照班组员工月度得分占班组总分的比例核算兑现月度绩效工资；设置年度绩效工资的，以员工年度绩效考核等级核算兑现年度绩效工资。

8.2 各供电所要严格执行绩效考核管理规定，严肃绩效考核纪律，保证绩效考核工作的质量和效果，将此项工作纳入班组长个人绩效考核。

### 9. 资料归档

供电所档案管理员每月将考核资料进行整理归档。

## 知识与标准

### 1 知识

1.1 绩效经理人：上级是下级的绩效经理人。所长是三大员和班组长的绩效经理人，班组长为班组员工的绩效经理人，班组长与所在班组一并考核。

1.2 工作积分制：是对员工工作数量、工作质量和综合表现情况进行量化累计积分的考核方式。根据工作项目的作业耗时、劳动强度、安全风险、技能要求、完成质量等因素制定劳动定额标准，对工作环境、时间、难度及任务角色分工等差异设置工作积分调节系数，经履行民主协商程序，建立科学、实用的工作积分标准。

### 2. 标准

2.1 《国家电网公司全员绩效管理暂行办法》国家电网人资〔2012〕836号

2.2 《国家电网公司绩效管理办法》国家电网人资〔2017〕114号

2.3 国网安徽省电力公司《关于完善农电工激励约束机制工作的意见》皖电人资〔2009〕460号

2.4 国网安徽省电力公司《关于印发公司一线员工"工作积分制"绩效考核工作导则的通知》人资工作〔2015〕37号

### 附表

附表10：绩效合约

附表11：绩效沟通和改进计划评定表

附表12：绩效申述表

# 所务5:值班管理

在"全能型"乡镇供电所的新型组织架构和服务机制下,值班管理是基于供电所综合业务监控和作业指挥平台,开展24小时值守、营配核心指标监控、工单流转派发、业务协同指挥和信息联络沟通等工作的全过程管理;是向上承接上级单位指令派发,向下派发台区客户经理业务工单,对内协调网格小组、班组、管理人员,对外与客户信息沟通,全面提升供电所供电服务质效的中枢管理工作。

## 作业流程

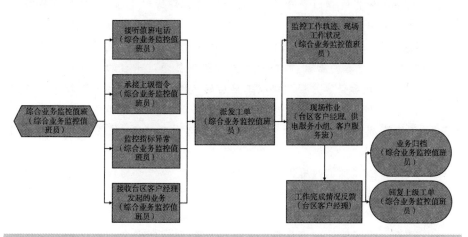

## 工作说明

**综合业务监控值班** 综合业务监控值班员(可兼职),依托供电所综合业务监控和指挥平台,开展供电所综合业务监控值班工作,提升营销、运检等业务和供电服务效率。

**监控指标异常** 综合业务监控值班员运用供电所综合业务监控和作业指挥平台的经营指标、设备异常监测大屏,实时监控供电所营销、设备关键指标是否存在异常情况。

**承接上级指令** 综合业务监控值班员运用供电所综合业务监控和指挥平台,接收上级供电服务指挥平台,营销业务、用电信息采集、PMS、生产实时管控等营配专业系统等下发的工单指令。

**接听值班电话** 综合业务监控值班员通过供电所值班电话,接收客户相关投诉、咨询、保修等服务需求,预受理客户营销业务等。

**接收台区客户经理发起的业务** 台区客户经理在日常巡视、走村访户等过程中,利用移动作业终端,自发起营销、运检等业务工单。

**派发工单** 综合业务监控值班员在接到上级供电所服务指挥平台和业务系统的工单指令、接到客户电话、监控发现供电所指标异常、接到台区客户经理自发起工单后,运用综合业务监控和作业指挥平台,派发工单至台区客户经理移动作业终端。并根据相关工作规定,重大事项上报所长。

**现场作业** 台区客户经理利用移动作业终端收到工单后,在规定的时限内赶到,落实首到负责制,对于可单人操作的工作及时处理,对需要多人配合或属其他部门管理范围的工作,应立即逐级上报,由综合业务监控值班员协调派工。

**监控工作轨迹、现场工作状况** 基于移动作业终端的定位功能以及与综合业务监控平台的互联,综合业务监控值班员通过平台的工作轨迹监控大屏,实时监控台区客户经理接收工单后的工作轨迹;台区客户经理现场作业工作时,通过移动作业终端的拍照和摄像功能,实时反馈工作现场画面。

**工作完成情况反馈** 台区客户经理在工作完成后,使用移动作业终端回复工单。

**业务归档** 对于利用供电所综合业务监控和作业指挥作业平台发起的异常处理工单,台区客户经理利用终端反馈已完成,综合业务监控值班员在核对上传的现场作业情况无误后,在系统内完成业务归档。

**回复上级工单** 对于承接上级供电所服务指挥平台、营销业务系统、用电信息采集系统、PMS系统、生产实时管控系统等下发的工单指令,台区客户经理利用终端反馈该步骤已完成后,需要通过供电所综合业务监控平台手工回复的工单,由综合业务监控值班员统一回复。

## 工作要求

### 1. 综合业务监控值班

#### 1.1 人员要求

1.1.1 供电所根据业务量大小、人员结构,设置专职或兼职综合业务监控值班员。

1.1.2 综合业务监控值班员必须掌握电脑操作技能,会使用供电所综合业务监控和作业指挥平台、营销业务、用电信息采集、PMS、生产实时管控等供电所日常业务系统。

## 1.2 场所要求

供电所根据规模大小,将日常监控、指挥职能分别落实到供电所专职监控室、"三大员"办公室或值班室。

## 1.3 交接班要求

1.3.1 按规定时间完成交接班,交接班时间最长延时5分钟。

1.3.2 交接班人员必须仔细交接在办工单情况,经确认无误后,经双方值班负责人签字后,完成交接班,并由下一班继续完成在办工单。

## 1.4 值班要求

1.4.1 综合业务监控值班人员要按时到岗、不得擅离职守,并保持综合业务监控和作业指挥平台在线运行、值班电话和个人手机24小时畅通,做到恪尽职守,沉着冷静,衣着整齐(统一工作服),举止文明,态度诚恳。严格执行值班规定,做好处理、记录、报告等值班工作。值班期间严禁擅离职守,坚决杜绝漏岗、脱岗现象。严禁值班人员将值班电话转移到手机或其他通信设备。值班期间严格遵守各项保密规定,不向无关人员透露涉密信息。

1.4.2 重要时期及重大节假日期间,供电所"一长三员"要亲自带班,实行"零报告"制度;非值班人员要时刻保持联络畅通、台区客户经理要同时保持移动作业终端在线,离开工作所在行政区域时,要严格办理报备手续。

1.4.3 综合业务监控值班员应将值班期间发生的事项和处理情况记录清楚,记录业务工单情况应与综合业务监控和作业指挥平台记录一致;值班记录应格式规范、要素齐全、表述清晰、详略得当。

1.4.4 遵守值班纪律,按时交接班,有事须先请假,以便安排临时代班人员。

1.4.5 值班期间严禁饮酒,严禁干与工作无关的事情。

1.4.6 加强综合业务监控值班人员的业务交流和学习培训,不断提高队伍综合素质;充分发挥供电所综合业务监控和作业指挥平台作用,提升供电服务效能,增强应急协调能力。

## 2. 监控指标异常

综合业务监控值班员运用供电所综合业务监控和作业指挥平台的经营指标、设备异常监测大屏,实时监控供电所营销、设备关键指标是否存在异常情况。

## 2.1 经营指标监测

包括电费回收指标、智能交费指标、低压线上指标、台区实时线上合格率、投诉数量、业扩时限、线上办电率等关键营销指标。

## 2.2 设备异常监测

包括采集失败户数、公变三相不平衡、公变出口电压、公变负载率、功率因素、公变停运等关键运检指标。

### 3. 承接上级指令

综合业务监控值班员运用供电所综合业务监控和指挥平台,接收上级供电服务指挥平台,以及营销业务、用电信息采集、PMS 等营配专业系统等下发的工单指令。

### 3.1 承接上级供电服务指挥平台

95598 客户服务中心下发供电服务抢修类工单至市、县公司供电服务指挥平台,供电服务指挥平台将工单指令派发至相应供电所的综合业务监控指挥平台。

### 3.2 对接营配各专业系统工单

营销业务、用电信息采集、PMS 等营配专业系统派发业扩、变更、改类、补抄、催费、用电检查、现场复电、拆换计量装置、运维检修等各类业务工单。

### 4. 接听值班电话

综合业务监控值班员严格遵守"首问负责制",接听用户电话时使用文明语言,耐心解答用户咨询,准确记录客户反映的投诉、咨询、报修等情况,通过核对各类系统,确定事件所属服务区域。

### 5. 接收台区客户经理发起的业务

台区客户经理在日常巡视、走村访户等过程中,或在接到客户电话等情况下,利用移动作业终端,自发起营销、运检等业务工单,传递至供电所综合业务监控和作业指挥平台。

### 5.1 台区客户经理发起营销类业务

台区客户经理在走村访户过程中,或在接到客户电话等情况下,掌握客户有业扩、变更、改类等业务需求,或发现客户有窃电、违约用电或用电安全隐患等情况,可通过移动作业终端,自发起营销类预受理、业务工单,至供电所综合业务监控和作业指挥平台或营销业务等系统,供电所综合业务监控和作业指挥平台可生成工单记录。

### 5.2 台区客户经理发起运检类业务

台区客户经理在日常巡视过程中,或在接到客户报修电话等情况下,发现电网设备存在故障、隐患、缺陷等情况时,通过移动作业终端,自发起检修运维类,至供电所综合业务监控和指挥平台,平台可生成工单记录。

### 6. 派发工单

#### 6.1 转派工单

6.1.1 承接上级供电服务指挥平台派发的供电服务类工单,综合业务监控值班员通过供电所综合业务监控和作业指挥平台实时手工转派工单,至所涉及服务区域的台区客户经理移动作业终端。

6.1.2 与营销业务、用电信息采集、PMS、生产实时管控等业务系统的工单集成。

(1)运检类系统工单派发至供电所综合业务监控和作业指挥平台,由综合业务监控值班员手工转派工单。

(2)营销类系统工单直接派发至台区客户经理移动作业终端,在供电所综合业务监控和作业指挥系统自动生成派发记录。

6.2 自发工单

6.2.1 综合业务监控值班员通过接听值班电话,记录客户投诉、咨询、报修等,通过供电所综合业务监控和作业指挥平台创建工单,发送至相应服务区域的台区客户经理移动作业终端。

6.2.2 综合业务监控值班员将经营指标、设备异常监测大屏反映的异常情况,通过明细下穿查询功能,确定异常台区、用户等明细信息,在指挥平台中创建工单,发送至相应服务区域的台区客户经理移动作业终端。

6.2.3 台区客户经理在日常巡视、走村访户等过程中,利用移动作业终端,自发起营销、运检等业务工单并上传至综合业务监控和作业指挥平台,平台会自动创建工单,综合业务监控值班员根据对应的服务区域,发送工单至对应的台区客户经理移动作业终端。

6.3 综合业务监控值班人员在处置当值发生的公务电话、网上通知、重要事务、咨询、投诉、举报、客户来访、报(抢)修、突发性应急事件等,以及供电所内部安全、保卫等工作,发生重要情况要及时报告。

6.4 台区客户经理到达现场后,经过查勘,判断现场无法单人完成或设备等属其他部门管辖的,应立即逐级上报。作业属供电所管辖范围的,由综合业务监控值班员协调供电服务小组或客户服务班其他成员,并派发工单;不属于供电所管辖范围的,由综合业务监控值班员协调联系相关部门。

## 7. 现场作业

7.1 台区客户经理严格履行"首到负责制"。

7.2 台区客户经理到达现场后,经过查勘,判断现场属辖区内、可单人进行的设备运维以及营销服务工作,由单人完成。

7.3 台区客户经理到达现场后,经过查勘,判断现场属辖区内、单人不可进行的作业,由所在供电服务小组相邻的台区客户经理,协同开展。工作量超出供电服务小组承载能力的,由客户服务班或供电所统筹安排完成作业。

7.4 台区客户经理到达现场后,经过查勘,判断现场不属于供电所管辖范围的或须其他部门协同开展工作,应逐级上报,由综合业务监控值班员协调联系相关部门。

## 8. 监控工作轨迹、现场工作情况

8.1 台区客户经理利用移动作业终端接收工单,点击开始任务后,移动作业终端的定位功能实时向反馈供电所综合业务监控和作业指挥平台位置信息,综合业务监控值班员可通过现场作业监控屏,监控台区客户经理的工作轨迹。

8.2 综合业务监控值班员应按照服务承诺,以及营销、运检等专业时限要求,监督台区客户经理等现场作业人员及时处理业务,并按时限、正确回复业务工单。

8.3 台区客户经理在工作过程中,可通过移动作业终端拍照、摄像等功能,发送现场照片、影像至供电所综合业务监控和作业指挥平台,由综合业务监控值班员会同所长、"三大员"等管理人员,分析现场作业情况,合理指挥调度。

## 9. 工作完成情况反馈

现场作业完成后,台区客户经理使用移动作业终端,回复工单,并上传现场情况照片。

## 10. 业务归档

对于利用供电所综合业务监控和作业指挥作业平台发起的异常处理工单,台区客户经理利用终端反馈已完成,综合业务监控值班员可会同供电所管理员核对上传的现场作业情况无误后,在系统内完成业务归档,并做好相关值班记录。

## 11. 回复上级工单

对于承接上级供电所服务指挥平台、营销业务系统、用电信息采集系统、PMS系统、生产实时管控系统等下发的工单指令,台区客户经理利用终端反馈该步骤已完成后。供电服务指挥平台、生产实时管控系统、PMS系统等需要通过供电所综合业务监控平台手工回复的工单,由综合业务监控值班员统一回复;营销业务系统、用电信息采集系统等直接回复原系统的工单,供电所综合业务监控和作业指挥平台,并同时做好相关值班记录。

# 知识与标准

## 1. 知识

### 1.1 供电所综合业务监控和作业指挥平台

信息化支撑是"全能型"乡镇供电所管理的神经系统,是深化营配业务末端融合、构建快速响应的服务前端、实现服务"一次到位"的重要保障。结合乡镇供电所工作实际,开发建设了集营配综合业务监控、调度指挥、现场作业为一体的"全能型"供电所业务支撑平台,实现乡镇供电所营销服务、设备运维和现场作业智能化管理、可视化监控、信息化调度,增强超前预判、快速响应的能力。

## 1.2 台区客户经理移动作业终端

根据台区客户经理现场作业和服务内容,基于现有的营销移动作业终端设备,整合营销服务、设备管理、现场抢修、运维检修等功能,开发应用了台区经理移动作业 APP,依托供电所综合业务监控和作业指挥平台的后台支撑,实现台区经理手持一个终端,接受、查询、处理设备运维检修和客户服务相关信息,并与供电所内勤班组以及客户实时交互,提升台区经理现场服务能力,提高了处理客户各类用电业务效率。

## 1.3 首问负责制

供电所最先接受外来人员或客户信息的工作人员,无论受理事项是否属于本部门及本人职责范围,都必须主动、热情的接待和答复,使来访者、咨询人得到满意的答复,不得以任何借口推诿、拒绝和搪塞。首问负责部门或工作人员能当场处理的事情要当场处理,不能当场处理或不属于职责范围的事情,应该做到向对方说明原因,给予必要的解释,将来人引领到相关部门办理或电话与相关部门联系,及时解决客户的问题。

## 1.4 首到负责制

供电所接到故障报抢修诉求后,首先到达故障现场的抢修人员,经现场检查、分析和判断故障设备管辖权限,负责及时协调、通知供电服务小组、班组、供电所或其他专业部门及客户,按照"及时响应、后续跟进、现场对接、现场交接、共同处置"原则,现场协调各级班组、部门、客户等,尽最大可能缩短故障抢修时间,发挥好设备故障抢修工作协调、沟通的纽带作用。

## 1.5 零报告制度

从初次上报到本次上报之间的时段内,未出现需记录的情况,仍须将相关报告(报表)按"无情况"或"0"填报的制度。

## 1.6 重要时期及重大节假日

重要时期是指自然灾害预警和发生期间、"两会"等重大盛会或庆典等影响面广泛、舆情关注度高的特殊时期。

重大节假日是指春节、元旦、清明、五一、端午节、中秋节、国庆节假日。

## 2. 标准

2.1 值班管理标准 Q/GDW 12-330-2012-21707

2.2 《国家电网公司行政值班工作管理规定》国网(办/2)543-2014

2.3 《国家电网公司应急工作管理规定》国网(安监/2)483-2014

## 附表

附表13:值班记录

附表14:协同工作单

# 所务 6:物资管理

## (一)物资仓储

　　根据国家电网公司物资管理工作的相关要求,乡镇供电所物资仓储工作是指固定资产、低值易耗品、备品备件等物资需求计划申请、物资台账建立、物资出入库登记、保管、库存盘点、废旧物资回收、登记建账、移交和销账全过程的作业。

## 工作流程

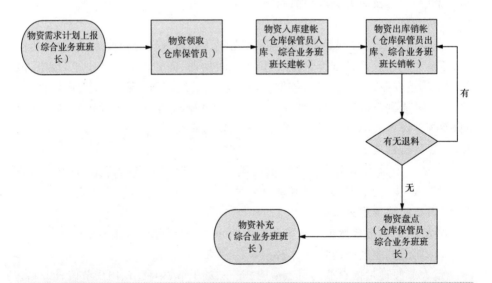

## 工作说明

　　**物资计划申请**　供电所根据规定,由综合业务班长结合本所实际需要拟订物资需求计划上报县公司。

　　**物资领取**　根据县公司下达物资定额,供电所安排仓库保管员从县公司物资管理部门领取物资。

**物资入库建账** 仓库保管员填写领用物资入库单,由综合业务班长与仓库保管员共同签字入库,并按规范要求定置存放各类物资。综合业务班长根据物资入库单建立固定资产、低值易耗品、备品备件、废旧物资等台账。

**物资出库销账** 客户服务班、综合业务班根据工作实际需要开具物资领用单,由供电所三员审核后,报供电所所长审批后由仓库保管员发放物资。综合业务班班长根据各班组签字手续完善的物资领用单进行销账登记。

**物资盘点** 仓库保管员和综合业务班班长定期对库存物资进行盘点,盘点情况经运检技术员审核后上报供电所所长。

**物资补充** 综合业务班班长根据库存物资盘点表,及时制定备品备件、低值易耗品等物资补充计划审核、上报和领取。

## 工作要求

### 1. 物资计划申请

1.1 物资需求计划由供电所按月度申报。

1.2 物资需求计划编制依据为县公司统一制定物资定额储备表。

1.3 根据供电所各班组实际需求,由综合业务班长编制物资需求计划,由供电所所长审核后上报县公司物资管理部门。

### 2. 物资领取

2.1 按照县公司物资管理部门规范要求办理物资领用手续。

2.2 按照县公司下达供电所物资定额标准领取物资。

### 3. 物资入库建账

3.1 物资入库、保管、出库由仓库保管员负责,物资建帐由综合业务班班长负责。

3.2 入库物资按照储存物资的特性,分区分类、专柜专储、合理布局、四四定位、五五码放的要求存放,做到定置管理。

3.3 综合业务班长应根据固定资产、低值易耗品、备品备件、废旧物资等物资的不同分类,分类建账。

3.4 按照县公司物资管理部门物资规范要求建帐。

### 4. 物资出库销账

4.1 按照低值易耗品、备品备件等物资不同类型,分别由相应班组班组长开具物资领用单,由供电所对应三员审核,报供电所所长审批后仓库保管员发放物资。

4.2 物资领用人应规范填写物资领用单,物资领用单有供电所长审批、物资领用人、仓库保管员签字手续。

4.3 供电所班组领取物资如有剩余,需及时办理退料手续。

4.4 供电所应有保证备品备件物资24小时领用制度,仓库保管员和夜间值班带班人员有规范交接手续,确保夜间值班期间抢修工作人员随时领取备品备件物资。

4.5 夜间值班抢修人员领用备品备件物资,次日仓库保管员需及时完善物资出库手续。

4.6 仓库保管员应定期将各班组物资领用单据移交综合业务班长。

4.7 综合业务班班长应根据手续完善的物资领用单及时进行销账登记。

## 5. 物资盘点

5.1 物资盘点应按月开展。

5.2 实物盘点不能单人进行,应由仓库保管员和综合业务班班长共同盘点,运检技术员负责审核。

5.3 供电所应将账、卡、物一致性情况纳入综合业务班组工作评价考核。

## 6. 物资补充

6.1 供电所应结合月度物资盘点情况,及时制定物资补充计划,办理相关物资领用手续,保证供电所正常物资供应。

6.2 供电所综合业务班班长应根据库存物资盘点表,对照县公司下达物资定额储备表,核定差额部分,按月度制定备品备件、低值易耗品等物资补充计划,办理相关审核、上报和领取手续。

6.3 物资补充计划严格按县公司下达物资定额申报,不得超额申报。

# (二)废旧物资管理

**工作流程**

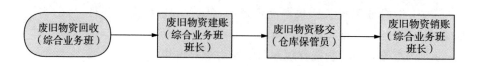

## 工作说明

> **废旧物资回收** 各种资产类、低值易耗品类、备品备件更换后废旧物资应由综合业务班按照上级物资管理部门规范要求组织回收。
>
> **废旧物资建账** 综合业务班班长据实登记各类废旧物资,建立废旧物资台账。
>
> **废旧物资移交** 废旧物资只能短期存放,供电所应定期与上级物资管理部门办理废旧物资移交手续。
>
> **废旧物资销账** 综合业务班班长根据手续完善的废旧物资移交单,及时办理废旧物资销账登记。

## 工作要求

### 1. 废旧物资回收

1.1 综合业务班班长负责组织各种废旧物资回收工作。

1.2 供电所废旧物资回收后应定点存放,仓库保管员及时清点废旧物资名称、规格、数量,规范填写废旧物资入库单,由废旧物资回收人员、供电所长、仓库保管员签字确认手续。

### 2. 废旧物资建账

2.1 废旧物资应单独建账。

2.2 仓库保管员应及时将废旧物资入库单据移交综合业务班班长,统一归档保管。

2.3 综合业务班班长根据手续完善的废旧物资入库单登记建账。

### 3. 废旧物资移交

3.1 供电所废旧物资只能短期临时存放,超过规定限额应及时办理移交手续。

3.2 废旧物资应定期移交县公司物资管理部门,移交时规范办理移交手续,填写废旧物资移交单,明确移交单位、移交废旧物资名称、规格、数量,移交人员签字手续完善。

3.3 废旧物资移交应由运检技术员审核,供电所所长签字确认。

### 4. 废旧物资销账

4.1 仓库保管员应定期将废旧物资移交单移交由综合业务班统一归档

保存。

4.2 综合业务班班长应根据手续完善的废旧物资移交单,及时办理废旧物资销账登记。

## (三)知识与标准

### 1. 知识

1.1 废旧物资:废旧物资包括固定资产废旧物资、非固定资产废旧物资;固定资产废旧物资是指企业内部管理制度规定,固定资产经报批同意报废后的物资;非固定资产废旧物资是指按企业内部管理制度规定,非固定资产经报批同意报废后的物资;废旧物资回收是指物资从使用状态退出至入库建帐的活动;废旧物资处理是指废旧物资从物的形态转变成资金形态的过程;在一切施工过程中拆除、更换下来的材料及设备均属废旧物资。

1.2 固定资产:固定资产是指企业使用期限超过 1 年的房屋、机器、机械、建筑物、运输工具以及其他与生产、经营有关的设备、工具、器具等。固定资产是具有以下特征的有形资产:①为生产商品、提供劳务、出租或经营管理而持有的;②使用年限超过一年;③单位价值较高。不属于生产经营主要设备的物品,单位价值在 2000 元以上,并且使用年限超过 2 年的,也应当作为固定资产。从会计的角度划分,固定资产一般被分为生产用固定资产、非生产用固定资产、租出固定资产、未使用固定资产、不需用固定资产、融资租赁固定资产、接受捐赠固定资产等。固定资产是企业的劳动手段,也是企业赖以生产经营的主要资产。

1.3 低值易耗品:低值易耗品是指劳动资料中单位价值在 10 元以上、2000 元以下,或者使用年限在一年以内,不能作为固定资产的劳动资料。它跟固定资产有相似的地方,在生产过程中可以多次使用不改变其实物形态,在使用时也需维修,报废时可能也有残值。由于它价值低,使用期限短,所以采用简便的方法,将其价值摊入产品成本。

1.4 备品备件:备品是能够独立行使某种电气性能的整体设备,能够完全替代原有同类在运设备;备件是整体设备的零部件,可替代在运设备的同类零部件,使在运设备继续保持原有性能。

1.5 四四定位、五五码放:"四四定位"管理,即库、架、层、位。库—指货物存放在几号库。架—指货物存放在几号库几号架。层—指货物存放在几号架几层。位—指货物存放在几号架几层几号位。

五五堆放法:根据各种物料的特性和开头做到"五五成行,五五成方,五五成串,五五成堆,五五成层"使物料叠放整齐,便于点数,盘点和取送。此方法适用于产品外形较大,外形规则的企业。

1.6  物资定额储备:是指在一定的管理条件下,企业为保证生产顺利进行所必需的、经济合理的物资储备数量标准。确定物资储备定额取决于两个因素,即物资周转期和周转量。

## 2. 标准

2.1  《国家电网公司关于开展星级乡镇供电所建设工作的指导意见》国网营销〔2016〕216 号

2.2  《国家电网公司实物库存管理办法》国网(物资/2)237－2014

2.3  《国家电网公司废旧物资处置管理办法》国网(物资/2)127－2016

2.4  《国家电网公司物资仓储配送管理办法》国网(物资/2)125－2013

## 附表

附表 15:备品备件台账及领用记录

附表 16:物资需求计划表

附表 17:固定资产(非固定资产)废旧物资移交清单

# 所务7:所务公开

按照《《国家电网公司民主议事会议制度》国家电网工会〔2014〕152号）要求,加强供电所所务公开工作,对完善民主管理体系,加强基层民主政治建设,实现供电所民主管理、民主监督、民主决策,促进企业改革、发展、稳定和党风廉政建设具有重要意义。

## 工作流程

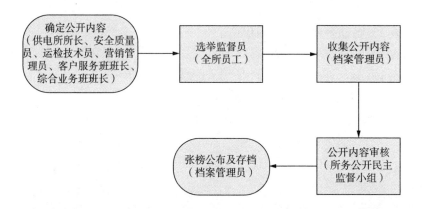

## 工作说明

**确定公开内容** 所务会讨论需要公开的内容和信息。

**选举监督员** 会议选举产生监督员,对公布的内容和信息真实性进行监督。

**收集公开内容** 档案管理员每月收集整理公布的内容和信息。

**公开内容审核** 公布内容由所务公开民主监督小组审核。

**公布及存档** 档案管理员将审核通过的内容和信息进行公布及存档。

## 工作要求

### 1. 确定公开内容

所务会讨论需要公开的内容和信息。

1.1 与职工利益密切相关的规章制度,如考勤制度、考核制度、奖惩制度、培训制度等。

1.2 电量、电费回收、计量采集、线损等主要经营指标完成情况。

1.3 供电所财务收支、各项管理成本支出。

1.4 员工绩效考核结果、奖惩情况等。

1.5 人员岗位调整、工作调配、党团员发展、评先评优、培训安排及违纪处罚情况。

1.6 员工自用电电量,以及电费交纳情况。

1.7 物资材料使用和废旧物资处置情况。

1.8 认为需要公开的其他内容。

## 2. 选举监督员

2.1 会议选举产生监督员,对公布的内容和信息的真实性进行监督。

2.2 供电所所长为所务公开第一责任人,同时明确档案管理员为所务公开管理人员,具体负责所务公开的内容收集、公布及存档等日常工作。

2.3 供电所成立所务公开民主监督小组,由所内职工 3～5 人组成,对所务公开内容进行常态监督,监督小组成员每两年调整一次。

## 3. 收集公开内容

档案管理员每月收集整理公布的内容和信息。所务公开方式分"定期按月公开"和"即时公开"。"定期按月公开"一般在公开栏公开;"即时公开"一般在职工大会、所务会上公开;两者亦可视情况交叉实施。

3.1 定期按月公开

按月公开的内容包括:主要经营指标完成情况、员工绩效考核情况、员工自用电电量和电费交纳情况、各项管理成本支出、物资材料使用情况、废旧物资处置情况等。

3.2 即时公开

3.2.1 上级公司和本供电所制定的涉及供电所职工利益的各项管理制度。

3.2.2 临时动议的涉及职工利益的决策事项和供电所重大管理事项。

3.2.3 人员岗位调整、工作调配、党团员发展、评先评优、培训安排及违纪处罚等情况。

## 4. 公开内容审核

所务公开相关表格、职工大会和所务会涉及所务公开内容的会议记录,需经过民主监督小组审核并签字认可。

## 5. 公布及存档

5.1　供电所档案管理员将审核通过的内容和信息进行公布及存档。

5.2　公开的内容和信息是用于内部监督的,供电所内部设置公开栏(墙),应选择放在供电所会议室内,张贴所务公开的相关表格。

5.3　"定期公开"内容应按月及时公开,供电所所务公开资料应按月装订成册备查,保存周期为5年。

5.4　所务公开内容原则上只在内部公开,涉及保密事项的内容遵从保密相关规定。

# 知识与标准

## 1. 知识

### 1.1　所务公开

所务公开是加强供电所职工民主管理的有效途径;是搞好群众监督,促进党风廉政建设的有力手段;是维护职工合法权益,促进公司科学发展的重要保证。

## 2. 标准

2.1　《国家电网公司民主议事会议制度》国家电网工会〔2014〕152号

## 附表

附表18:乡镇供电所所务公开一览表

附表19:所务公开—重要管理事项

附表20:所务公开—员工考核

附表21:乡镇供电所"二十四"节气重点工作计划表

## 附录

附录1:"全能型"乡镇供电所岗位职责与工作标准

# 附表(样例)

## 1. 安全管理类

**附表 1:**

### 电力安全工器具试验时间一览表

单位:      使用班组(供电所):      制表日期:   年   月   日

| 序号 | 工器具名称 | 编号 | 规格型号 | 出厂日期 | 上次试验日期 | 试验周期 | 下次试验日期 |
|------|-----------|------|---------|---------|-------------|---------|-------------|
|      |           |      |         |         |             |         |             |
|      |           |      |         |         |             |         |             |
|      |           |      |         |         |             |         |             |
|      |           |      |         |         |             |         |             |
|      |           |      |         |         |             |         |             |
|      |           |      |         |         |             |         |             |
|      |           |      |         |         |             |         |             |
|      |           |      |         |         |             |         |             |
|      |           |      |         |         |             |         |             |
|      |           |      |         |         |             |         |             |
|      |           |      |         |         |             |         |             |
|      |           |      |         |         |             |         |             |
|      |           |      |         |         |             |         |             |
|      |           |      |         |         |             |         |             |
|      |           |      |         |         |             |         |             |

附表2：

# 现场勘察记录

1. 勘察单位：_____部门（或班组）：_____编号：_____

2. 勘察负责人：_____勘察人员：_____

3. 勘察的线路名称或设备双重名称（多回应注明双重称号和方位）：_____

_____

4. 工作任务（工作地点及工作内容）：_____

5. 现场勘察内容

| |
|---|
| 1. 工作地点需要停电的范围 |
| 2. 保留的带电部位 |
| 3. 作业现场的条件、环境及其他危险点：（应注明：交叉、邻近（同杆塔、并行）电力线路；双电源、自发电情况；需加固的杆塔；地下管网沟道及其他影响施工作业的设施情况） |
| 4. 应采取的安全措施：（应注明：接地线、绝缘挡板、围栏、遮栏、标示牌等装设位置） |
| 5. 附图与说明 |

记录人：_____勘察日期：_____年___月___日___时

**附表 3：**

# 国网安徽省电力公司配电故障紧急抢修单

单位＿＿＿＿＿＿＿＿＿＿编号＿＿＿＿＿＿＿＿＿＿

1. 抢修工作负责人＿＿＿＿＿＿＿＿＿＿班组＿＿＿＿＿＿＿＿＿

2. 抢修人员(不包括抢修工作负责人)＿＿＿＿＿＿＿＿＿＿共＿＿＿＿＿人。

3. 抢修工作任务

| 工作地点或设备(注明变(配)电站设备、线路双重名称及起止杆号) | 工作内容 |
|---|---|
|  |  |
|  |  |
|  |  |

4. 安全措施

4.1  应改为检修状态的变电站线路间隔、配合停电线路或设备，以及应拉开的断路器(开关)、隔离开关(刀闸)、熔断器

4.2  应装接地线、应合接地刀闸

| 接地线装设位置、接地刀闸双重名称 | 接地线编号 |
|---|---|
|  |  |
|  |  |
|  |  |
|  |  |

4.3  保留或邻近的带电线路、设备＿＿＿＿＿＿＿＿＿＿

4.4  其他安全措施和注意事项＿＿＿＿＿＿＿＿＿＿

4.5  示意图

|  |
|---|
|  |

5. 上述 1 至 4 项由抢修工作负责人＿＿＿＿＿＿＿＿＿根据抢修任务布置人＿＿＿＿＿＿＿＿＿的指令,并根据现场勘察情况填写。

6. 许可抢修时间＿＿＿＿年＿＿月＿＿日＿＿时＿＿分＿＿工作许可人＿＿＿＿

7. 抢修结束汇报

抢修人员已全部撤离,工具、材料已清理完毕,故障紧急抢修单已终结。

现场设备状况及保留安全措施＿＿＿＿＿＿＿＿＿＿

| 工作负责人 | 工作许可人 | 终结报告时间 |
| --- | --- | --- |
|  |  | 年＿＿月＿＿日＿＿时＿＿分 |

8. 备注＿＿＿＿＿＿＿＿＿＿＿＿＿＿＿＿＿＿＿＿＿＿＿＿＿＿＿＿＿＿＿＿＿＿＿＿＿＿＿＿＿＿＿＿＿＿＿＿＿＿＿＿＿＿＿＿＿＿＿＿＿＿＿＿＿＿＿＿＿＿＿＿＿＿＿＿＿＿＿＿＿＿＿＿＿

附表4：

# 国网安徽省电力公司低压工作票

单位_____编号_____

1. 工作负责人_____班组_____

2. 工作班人员(不包括工作负责人)_____共_____人。

3. 工作任务

| 工作的线路或设备双重名称<br>(多回路应注明双重称号及方位) | 工作内容 |
|---|---|
| | |
| | |
| | |
| | |

4. 计划工作时间自_____年____月____日____时____分至_____年____月____日____时____分

5. 安全措施(必要时可附页绘图说明)

5.1 工作的条件和应采取的安全措施(停电、接地、隔离措施和遮栏、标示牌等)

_____

_____

5.2 保留的带电部位

_____

5.3 其他安全措施和注意事项

_____

_____工作负责人签名_____年____月____日____时____分

工作票签发人签名_____,_____年____月____日____时____分

6. 确认本工作票1－5项正确完备,许可工作开始

| 许可方式 | 工作负责人 | 工作许可人 | 许可工作时间 |
|---|---|---|---|
| | | | ___年___月___日___时___分 |

7. 现场交底,工作班成员确认工作负责人布置的工作任务、人员分工、安全

措施和注意事项并签名

_____

_____

8. 工作终结

工作班现场所挂接地线共_____组、个人保安线共_____组已全部拆除,工作班人员已全部撤离现场,工具、材料已清理完毕,杆塔、设备上已无遗留物。

| 报告方式 | 工作负责人 | 工作许可人 | 终结报告时间 |
| --- | --- | --- | --- |
|  |  |  | ___年___月___日___时___分 |

9. 备注

_____

_____

**附表 5：**

# 国网安徽省电力公司安全措施卡

单位＿＿＿＿＿＿＿＿＿＿＿＿　　　　　　　　编号＿＿＿＿＿＿＿＿＿＿＿＿

编制＿＿＿＿＿＿＿＿＿＿＿＿　　　　　　　　审核＿＿＿＿＿＿＿＿＿＿＿＿

| 工作负责人 | | 班组 | |
|---|---|---|---|
| 工作班成员 | | | |
| 工作任务（工作地点及内容） | | | |
| 安全措施及注意事项 | | | |
| 现场交底，工作班成员确认工作负责人布置的工作任务和安全措施并签名 | | | |
| 开工时间 | | 结束时间 | |

**附表6:**

# 国网安徽省电力公司派工单

单位_____                          编号_____

| 计划<br>工作时间 | 自_____年___月___日___时___分<br>至_____年___月___日___时___分 | |
|---|---|---|
| 所派人员 | 工作负责人: | 派工人: |
| 派工<br>地点和任务 | | |
| 所派<br>人员签名 | | |
| 工作评价 | 此项工作已于___日___时___分完成,工作质量_____<br>_____。<br>　派工人:<br>　　　　　　　　　　　　_____年___月___日 | |
| 备注 | | |

附表7：

# "两票"月度评价表

_____年____月

单　位_____　　　　　　　班组(供电所)_____

| 票　种 | 已执行(份) | 合格(份) | 不规范(份) | 合格率(％) |
|---|---|---|---|---|
|  |  |  |  |  |
|  |  |  |  |  |
|  |  |  |  |  |
|  |  |  |  |  |
| 合　计 |  |  |  |  |

| 票　号 | 存在问题 | 评价结论<br>(不合格或不规范) |
|---|---|---|
|  |  |  |
|  |  |  |
|  |  |  |
|  |  |  |
|  |  |  |
|  |  |  |
|  |  |  |
|  |  |  |
|  |  |  |
|  |  |  |
|  |  |  |

评价意见及整改措施：



评价人(签字)：_____

附表 8

## 台区剩余电流保护装置汇总表

| 序号 | 公司 | 供电所名称 | 台区名称（与PMS台账一致） | 所属10千伏线路（与PMS台账一致） | 低压接地型式 | 低压综合合箱安装总保情况 | | | 表箱中安装中保情况 | | | 用户安装户保情况 | | 备注 |
|---|---|---|---|---|---|---|---|---|---|---|---|---|---|---|
| | | | | | | 低压出线线数（路） | 已安装总保低压出线数（路） | 已投运总保数（台） | 所带表箱数（路） | 已安装中保的表箱数（路） | 投运中保数（只） | 用户数（户） | 已安装户保的用户数（户） | |
| | | | | | | | | | | | | | | |
| | | | | | | | | | | | | | | |
| | | | | | | | | | | | | | | |
| | | | | | | | | | | | | | | |
| | | | | | | | | | | | | | | |
| | | | | | | | | | | | | | | |

附表 9：

# _____台区总保台账及测试记录

| 序号 | 低压主干线路名称 | 是否安装总保 | 安装总保型号 | 测试日期 | 运行情况 | 处理建议 | 责任人 | 备注（可填写消缺或更换日期） |
|---|---|---|---|---|---|---|---|---|
|  |  |  |  |  |  |  |  |  |
|  |  |  |  |  |  |  |  |  |
|  |  |  |  |  |  |  |  |  |
|  |  |  |  |  |  |  |  |  |
|  |  |  |  |  |  |  |  |  |
|  |  |  |  |  |  |  |  |  |
|  |  |  |  |  |  |  |  |  |
|  |  |  |  |  |  |  |  |  |
|  |  |  |  |  |  |  |  |  |
|  |  |  |  |  |  |  |  |  |

**附表 10：**

## ＿＿＿＿＿＿台区中保台账及测试记录

| 序号 | 表箱名称编号 | 所属低压主干线路名称 | 是否安装中报 | 安装中保型号 | 测试日期 | 运行情况 | 处理建议 | 责任人 | 备注(可填写消缺或更换日期) |
|---|---|---|---|---|---|---|---|---|---|
| | | | | | | | | | |
| | | | | | | | | | |
| | | | | | | | | | |
| | | | | | | | | | |
| | | | | | | | | | |
| | | | | | | | | | |
| | | | | | | | | | |
| | | | | | | | | | |
| | | | | | | | | | |
| | | | | | | | | | |

附表 11:

# _____台区户保台账及抽查记录

| 序号 | 用户姓名 | 所属表箱名称编号 | 是否安装户保 | 安装户保型号 | 测试日期 | 运行情况 | 处理建议 | 备注(可填写消缺或更换日期) |
|---|---|---|---|---|---|---|---|---|
|  |  |  |  |  |  |  |  |  |
|  |  |  |  |  |  |  |  |  |
|  |  |  |  |  |  |  |  |  |
|  |  |  |  |  |  |  |  |  |
|  |  |  |  |  |  |  |  |  |
|  |  |  |  |  |  |  |  |  |
|  |  |  |  |  |  |  |  |  |
|  |  |  |  |  |  |  |  |  |
|  |  |  |  |  |  |  |  |  |
|  |  |  |  |  |  |  |  |  |

附表 12：

# 用电综合检查工作单

户名：　　　　　　　　　　　　　　　户号：

| | | |
|---|---|---|
| 安全隐患及整改意见 | 1. 第一断路器至配电室(变压器)有无电缆走向标志 | |
| | 2. 第一断路器至配电室(变压器)架空线保护区内是否有房障、树障 | |
| | 3. 第一断路器至配电室(变压器)架空线有无断股、电杆有无倾斜、裂纹、金具、瓷瓶是否破损、脱落 | |
| | 4. 变压器室门采用铁门,向外开启,应采用明锁,变压器室不应有窗,通风口采用金属百叶窗,其内侧加金属网,网孔不大于 10mm×10mm | |
| | 5. 变压器运行声音是否正常,有无渗油现象 | |
| | 6. 配电室电缆沟盖板是否齐全规范,电缆沟是否封堵 | |
| 安全隐患及整改意见 | 7. 配电室内电气设备是否接地 | |
| | 8. 配电室内有无应急照明 | |
| | 9. 是否按运行规程要求完成配电设备的预防性试验及周期校验 | |
| | 10. 是否配备安全工器具或安全工器具是否做周期预防性试验 | |
| | 11. 是否制定停电应急处理预案、事故预防措施 | |
| | 12. 配电房内有无安全规章制度、操作流程,有无电气接线示意图 | |
| | 13. 作业人员有无电工进网作业许可证 | |
| | 14. 高危客户有无双电源或自备应急电源 | |
| | 15. 双电源进线电源是否标注清楚 | |
| | 16. 高、低压柜是否完整,柜门是否上锁,出线是否混乱 | |
| | 17. 配电室内是否堆积杂物,是否存在火灾隐患 | |
| | | |
| | | |
| | 处理意见:鉴于你户存在安全隐患,请抓紧时间制定整改方案,并将整改方案报本公司,以保证整改效果,避免重复投资。<br>注:√为符合规定,×为不符合要求 | |

| 客户签名： | | 日　期 | |
|---|---|---|---|

附表 13：

# 低压双电源(自备电源)客户台账

供电所名称：

| 客户名称 | | 用户名 | |
|---|---|---|---|
| 所在乡镇 | | 联系电话 | |
| 主电源信息 | | | |
| 所接配变台区名称 | | 所接线路名称 | |
| 供用电合同编号 | | 投运时间 | |
| 备用电源信息 | | | |
| 所接配变台区名称 | | 所接线路名称 | |
| 供用电合同编号 | | 投运时间 | |
| 发电设备容量(台 * kW) | | | |
| 供用电协议编号 | | 自备电源协议编号 | |

**附表 14**

分布式光伏电源台账

单位:

| 序号 | 发电客户编号 | 发电客户名称 | 管理单位 | 发电地址 | 发电客户类型 | 行业分类 | 合同容量(KVA) | 并网电压 | 立户日期 | 发电客户状态 | 发电量消纳方式 | 客户 ID |
|------|------|------|------|------|------|------|------|------|------|------|------|------|
|  |  |  |  |  |  |  |  |  |  |  |  |  |
|  |  |  |  |  |  |  |  |  |  |  |  |  |
|  |  |  |  |  |  |  |  |  |  |  |  |  |
|  |  |  |  |  |  |  |  |  |  |  |  |  |
|  |  |  |  |  |  |  |  |  |  |  |  |  |

**附表 15**

重要客户隐患缺陷专项排查统计表

| 序号 | 客户名称 | 一类隐患 | 二类隐患 | 三类隐患 |
|------|------|------|------|------|
|  |  |  |  |  |
|  |  |  |  |  |
|  |  |  |  |  |
|  |  |  |  |  |
|  |  |  |  |  |

**附表 16:**

## 安全隐患告知书

_____年第   号

_____:

你单位(户)存在以下危害电力设施隐患:_____

_____

_____

此隐患已严重危及_____

电力线路的安全运行,并将对你单位(户)人身、财产安全构成威胁。

根据《中华人民共和国电力法》、国务院《电力设施保护条例》以及《＊＊省(市)保护电力设施和维护用电秩序规定》等法律法规,请你单位(户)务必在____日内消除隐患。

若不及时采取相应措施,我公司将根据《中华人民共和国电力法》、国务院《电力设施保护条例》以及《＊＊省(市)保护电力设施和维护用电秩序规定》等法律法规中断你单位(户)供电。如果造成安全生产事故或人员伤亡的,你单位(户)应承担全部赔偿责任和相应法律后果。同时,我公司将报电力管理、安全生产监督管理等政府部门,由其做出相应行政处罚;或向人民法院提起诉讼,追究你单位(户)民事赔偿责任或刑事责任。

签发人:_____

_____年____月____日

(单位盖章)

抄送:_____

- - - - - - - - - - - - - - - - - - - - - - - - - - - - - - - - - - - - - - - - - -

## 安全隐患告知书

### (回执)

_____:

我单位(户)已接到 20_____年第____号

《安全隐患告知书》,并采取措施如下:_____

_____

_____

责任人:_____

_____年____月____日

(单位盖章)

附表 17：

# _____两措施项目建议书

| | 项目名称 | |
|---|---|---|
| | 项目单位 | |
| | 项目实施年度 | |
| 项目必要性 | 设备基本情况 | |
| | 存在的问题 | |
| | 实施必要性 | |
| 项目方案 | 技术实施方案 | |
| | 停电施工方案（临时过渡方案） | |
| | 对环境的影响及经济或社会效益预测 | |
| | 拆除物资处理建议（附技术鉴定意见） | |

| 项目投资（万元） | 总投资 | 其中土建费用 | 其中安装费 | 其中其他费用 |
|---|---|---|---|---|
| | | | | |

| 项目实施周期（月）或完成时间： |
|---|

| 主要设备及材料： |
|---|

| 名称 | 规格及型号 | 数量 | 单价（万元） | 合价（万元） |
|---|---|---|---|---|
| | | | | |
| | | | | |

| 主要附图（另附图纸） |
|---|

批准：　　　审核：　　　编制：

附表 18：

## 年度两措计划表

填报单位：

| 序号 | 项目或产品名称 | 项目内容 | 单位 | 数量 | 计划总投资（万元） | 备注 |
|------|----------------|----------|------|------|------------------|------|
|      |                |          |      |      |                  |      |
|      |                |          |      |      |                  |      |
|      |                |          |      |      |                  |      |
|      |                |          |      |      |                  |      |
|      |                |          |      |      |                  |      |
|      |                |          |      |      |                  |      |
|      |                |          |      |      |                  |      |
|      |                |          |      |      |                  |      |
|      |                |          |      |      |                  |      |
|      |                |          |      |      |                  |      |
| 合计 |                |          |      |      |                  |      |

批准：　　　　　　审核：　　　　　　填报：　　　　　　日期：

**附表 19:**

## _____公司两措计划执行情况

填报单位:

| 序号 | 项目或产品名称 | 项目内容 | 单位 | 数量 | 计划总投资（万元） | 计划完成月份 | 具体完成或成进展情况 | 资金完成进度 | 实施单位 | 备注 |
|------|--------------|---------|------|------|----------------|------------|-------------------|------------|--------|------|
|      |              |         |      |      |                |            |                   |            |        |      |
|      |              |         |      |      |                |            |                   |            |        |      |
|      |              |         |      |      |                |            |                   |            |        |      |
|      |              |         |      |      |                |            |                   |            |        |      |
|      |              |         |      |      |                |            |                   |            |        |      |
|      |              |         |      |      |                |            |                   |            |        |      |
|      |              |         |      |      |                |            |                   |            |        |      |
|      |              |         |      |      |                |            |                   |            |        |      |
|      |              |         |      |      |                |            |                   |            |        |      |

年度累计项目完成率（%）:

领导:　　　　　审核人:　　　　　填报人:　　　　　日期:

## 2. 运维管理类

### 附表 1：配变台区电压普测记录表

**配变台区电压普测—在线监测/现场手持记录表（模板）**

| | | |
|---|---|---|
| 测量时间（**年*月*日*时）： | | 测量人： |
| 台区 PMS 名称 | 所属 10kV 线路 | 所属班组/供电所 |
| 配变容量 | 配变至变电站供电距离（KM） | 普测期 |
| 一、台区低压出口侧信息记录 | | |
| A 相电压 | B 相电压 | C 相电压 |
| 普测方式 | 人工现场测量 | 人工现场测量 |
| 二、台区低压用户侧信息记录 | | |
| A 相户数 | B 相户数 | C 相户数 |
| 380V 户数 | 总户数合计 | 低电压用户数量 |

| 序号 | 户名 | 户号 | 用户至配变供电距离（M） | 下火相位（A,B,C） | 电压值（V） |
|------|------|------|------------------------|-------------------|-------------|
| 1 | | | | | |
| 2 | | | | | |
| 3 | | | | | |
| 4 | | | | | |
| 5 | | | | | |
| 6 | | | | | |
| 7 | | | | | |
| 8 | | | | | |
| 9 | | | | | |
| 10 | | | | | |

备注：1. 普测期：1月15日－2月5日季节性低电压暴露期（冬季），7月20日－8月10日季节性低电压暴露期（夏季）或4月10日－30日长期低电压暴露期的17:00－20:00进行。2. 普测方式：在线监测或人工现场测量。3. 一个配变台区下的所有低压用户要求在一天内完成普测（含三相电用户）。

# 3. 营销管理类

**附表 1:低压居民生活用电登记表**

国家电网 STATE GRID
你用电·我用心
Your Power Our Care

## 低压居民用电登记表

| 客户基本信息 | | | |
|---|---|---|---|
| 客户名称 | | (档案标识二维码,系统自动生成) | |
| (证件名称) | (证件号码) | | |
| 用电地址 | | | |
| 通信地址 | | 邮编 | |
| 电子邮箱 | | | |
| 固定电话 | | 移动电话 | |

| 经办人信息 | | | |
|---|---|---|---|
| 经办人 | | 身份证号 | |
| 固定电话 | | 移动电话 | |

| 服务确认 | | | |
|---|---|---|---|
| 户　　号 | | 户　　名 | |
| 供电方式 | | 供电容量 | |
| 电　　价 | | 增值服务 | |
| 收费名称 | | 收费金额 | |
| 其他说明 | 为方便缴费,请及时到银行办理委托代扣(需提供户号)。 | | |

特别说明:

　　本人已对本表信息进行确认并核对无误,同时承诺提供的各项资料真实、合法、有效,并愿意签订供用电合同,遵守所签合同中的各项条款。

经办人签名:<br>年　　月　　日

| 供电企业填写 | 受理人员: | | 申请编号: |
|---|---|---|---|
| | 受理日期: | | 年　月　日 |

**附表 2:低压非居民用电登记表**

## 低压非居民用电登记表

| 客户基本信息 | | | | | | |
|---|---|---|---|---|---|---|
| 户　　名 | | | 户号 | | | （档案标识二维码，系统自动生成） |
| （证件名称） | | （证件号码） | | | | |
| 用电地址 | | | | | | |
| 通信地址 | | | 邮编 | | | |
| 电子邮箱 | | | | | | |
| 法人代表 | | 身份证号 | | | | |
| 固定电话 | | 移动电话 | | | | |

| 经办人信息 | | | |
|---|---|---|---|
| 经办人 | | 身份证号 | |
| 固定电话 | | 移动电话 | |

| 申请事项 | | |
|---|---|---|
| 业务类型 | 新装□　　　增容□　　　临时用电□ | |
| 申请容量 | | 供电方式 |
| 需要增值税发票 | 是□　否□ | |

| 增值税发票资料 | 增值税户名 | 纳税地址 | 联系电话 |
|---|---|---|---|
| | 纳税证号 | 开户银行 | 银行账号 |

| 告知事项 |
|---|
| 贵户根据供电可靠性需求,可申请备用电源、自备发电设备或自行采取非电保安措施。 |

| 服务确认 |
|---|
| 特别说明：<br>　　本人(单位)已对本表信息进行确认并核对无误,同时承诺提供的各项资料真实、合法、有效。<br><br>　　　　　　　　　　　　　　　　　　经办人签名(单位盖章)：<br>　　　　　　　　　　　　　　　　　　　年　　月　　日 |

| 供电企业填写 | 受理人： | 申请编号： |
|---|---|---|
| | 受理日期:年　月　日(系统自动生成) | |

**附表 3：低压现场勘查单**

# 低压现场勘查单

| 客户基本信息 | | | |
|---|---|---|---|
| 户　　号 | | 申请编号 | |
| 户　　名 | | | （档案标识二维码，系统自动生成） |
| 联系人 | | 联系电话 | |
| 客户地址 | | | |
| 申请备注 | | | |

| 现场勘查人员核定 | |
|---|---|
| 申请用电类别 | 核定情况:是□　否□＿＿＿＿＿ |
| 申请行业分类 | 核定情况:是□　否□＿＿＿＿＿ |
| 申请供电电压 | 核定供电电压:220V□　　　　380V□ |
| 申请用电容量 | 核定用电容量: |
| 接入点信息 | 包括电源点信息、线路敷设方式及路径、电气设备相关情况 |
| 受电点信息 | 包括受电设施建设类型、主要用电设备特性 |
| 计量点信息 | 包括计量装置安装位置 |
| 其他 | |

| 主要用电设备 | | | | |
|---|---|---|---|---|
| 设备名称 | 型号 | 数量 | 总容量（千瓦） | 备注 |
| | | | | |
| | | | | |
| | | | | |

供电简图：

| 勘查人（签名） | | 勘查日期 | 年　月　日 |
|---|---|---|---|

**附表 4:低压供电方案答复单**

# 低压供电方案答复单

| 客户基本信息 | | | | | |
|---|---|---|---|---|---|
| 户　　号 | | 申请编号 | | | （档案标识二维码，系统自动生成） |
| 户　　名 | | | | | |
| 用电地址 | | | | | |
| 用电类别 | | 行业分类 | | | |
| 供电电压 | | 供电容量 | | | |
| 联系人 | | 联系电话 | | | |

| 营业费用 | | | | |
|---|---|---|---|---|
| 费用名称 | 单价 | 数量（容量） | 应收金额（元） | 收费依据 |
| | | | | |

| 供电方案 | | | | |
|---|---|---|---|---|
| 电源编号 | 电源性质 | 供电电压 | 供电容量 | 电源点信息 |
| | | | | 供电变压器名称，接入点杆号（电缆分支箱号），产权分界点，进出线敷设方式建议 |

| 计量点组号 | 电价类别 | 定量定比 | 电能表 | | 电流互感器 | |
|---|---|---|---|---|---|---|
| | | | 精度 | 规格及接线方式 | 精度 | 变比 |
| | | | | | | |
| | | | | | | |
| | | | | | | |

| 备注 | 1. 表箱安装位置;2. 需客户配合事项说明;3. 其他事项 |
|---|---|
| 其他说明 | 1. 本供电方案自客户签收之日起三个月内有效。如遇有特殊情况,需延长供电方案有效期的,客户应在有效期到期前十天向供电企业提出申请,供电企业视情况予以办理延长手续 <br> 2. 贵户如有受电工程,可委托有资质的电气设计、承装单位进行设计和施工 <br> 3. 贵户受电工程竣工并经自验收合格后请及时联系供电企业进行竣工检验 |

客户签名(单位盖章):　　　　　　　　　　　供电企业(盖章):

　　年　　月　　日　　　　　　　　　　　　　年　　月　　日(系统自动生成)

**附表 5:客户受电工程设计文件审查意见单**

### 客户受电工程设计文件审查意见单

| 户 号 | | 申请编号 | | （档案标识二维码，系统自动生成） |
|---|---|---|---|---|
| 户 名 | | | | |
| 用电地址 | | | | |
| 联系人 | | 联系电话 | | |

审查意见(可附页)：

供电企业(盖章)：

| 客户经理 | | 审图日期 | 年 月 日 |
|---|---|---|---|
| 主 管 | | 批准日期 | 年 月 日 |

客户签收：　　　　　　　　　　　　　　　　　　　年　月　日

| 其他说明 | 特别提醒:用户一旦发生变更,必须重新送审,否则供电企业将不予检验和接电 |
|---|---|

**附表6:低压客户受电工程竣工检验意见单**

## 低压客户受电工程竣工检验意见单

| 客户基本信息 | | | | |
|---|---|---|---|---|
| 户　　号 | | 申请编号 | | |
| 户　　名 | | | | （档案标识二维码，系统自动生成） |
| 联系人 | | 联系电话 | | |
| 供电电压 | | 合同容量 | | |
| 用电类别 | | 行业分类 | | |
| 用电地址 | | | | |
| 现场检验信息 | | | | |
| 设计单位名　　称 | | 资　　质 | | |
| 施工单位名　　称 | | 资　　质 | | |
| 报验人 | | 报验日期 | | 年　月　日 |
| 现场检验意见(可附页)：<br><br><br><br>供电企业(盖章)： | | | | |
| 检验人员 | | 检验日期 | | 年　月　日（系统自动生成） |
| 客户签收： | | | | 年　月　日 |

**附表 7:低压电能计量装接单**

## 低压电能计量装接单

| 客户基本信息 | | | | | | | | | |
|---|---|---|---|---|---|---|---|---|---|
| 户　　号 | | | | 申请编号 | | | | | |
| 户　　名 | | | | | | | | | |
| 用电地址 | | | | | | | | （档案标识二维码，系统自动生成） | |
| 联系人 | | 联系电话 | | | 供电电压 | | | | |
| 合同容量 | | 电能表准确度 | | | 接线方式 | | | | |

| 装拆计量装置信息 | | | | | | | | | |
|---|---|---|---|---|---|---|---|---|---|
| 装/拆 | 资产编号 | 计度器类型 | 表库·仓位码 | 位数 | 底度 | 自身倍率（变比） | 电流 | 规格型号 | 计量点名称 |
| | | | | | | | | | |
| | | | | | | | | | |
| | | | | | | | | | |
| | | | | | | | | | |
| | | | | | | | | | |
| | | | | | | | | | |

| 现场信息 | | | | |
|---|---|---|---|---|
| 接电点描述 | | | | |
| 表箱条形码 | 表箱经纬度 | 表箱类型 | 表箱封印号 | 表计封印号 |
| | | | | |
| 采集器条码 | | 安装位置 | | |
| 流程摘要 | | 备注 | | 表计和表箱已加封,电能表存度本人已经确认 |
| | | | | 客户签章：<br>　　年　月　日 |
| 装接人员 | | 装接日期 | | 　　年　月　日 |

## 附表8:公变计量设备巡视记录单

<table>
<tr><td colspan="4" align="center">公变计量设备巡视记录单</td></tr>
<tr><td>台区名称(双重编号):</td><td>台区编号:</td><td>表箱数:</td><td>电表数:</td></tr>
<tr><td colspan="4" align="center">缺陷记录</td></tr>
<tr><td>关口总表(户名、户号):</td><td>厂家、规格、电表资产号:</td><td>是否存在故障缺陷:是 否</td><td>缺陷说明:</td></tr>
<tr><td>低压用户(1):</td><td></td><td>是 否</td><td></td></tr>
<tr><td>低压用户(2):</td><td>—</td><td>是 否</td><td></td></tr>
<tr><td>低压用户(3):</td><td></td><td>是 否</td><td></td></tr>
<tr><td>低压用户(4):</td><td></td><td>是 否</td><td></td></tr>
<tr><td>低压用户(5):</td><td></td><td>是 否</td><td></td></tr>
<tr><td>低压用户(6):</td><td></td><td>是 否</td><td></td></tr>
<tr><td>低压用户(7):</td><td></td><td>是 否</td><td></td></tr>
<tr><td>低压用户(8):</td><td></td><td>是 否</td><td></td></tr>
<tr><td>巡视人:</td><td>设备主人:</td><td>巡视日期:</td><td></td></tr>
</table>

## 附表 9:专变计量设备巡视记录单

| 专变计量设备巡视记录单 | | | | |
|---|---|---|---|---|
| 缺陷记录（一）: | | | | |
| 用户名称: | | 用户编号: | | 线路名称: |
| 电能表厂家、规格、型号: | 电能表资产号: | 是否存在故障缺陷:<br><br>是　　否 | | 缺陷说明: |
| 采集设备厂家、规格、型号: | 采集设备资产号: | 是　　否 | | 缺陷说明: |
| 缺陷记录（二）: | | | | |
| 用户名称: | | 用户编号: | | 线路名称: |
| 电能表厂家、规格、型号: | 电能表资产号: | 是否存在故障缺陷:<br><br>是　　否 | | 缺陷说明: |
| 采集设备厂家、规格、型号: | 采集设备资产号: | 是　　否 | | 缺陷说明: |
| 缺陷记录（三）: | | | | |
| 用户名称: | | 用户编号: | | 线路名称: |
| 电能表厂家、规格、型号: | 电能表资产号: | 是否存在故障缺陷:<br><br>是　　否 | | 缺陷说明: |
| 采集设备厂家、规格、型号: | 采集设备资产号: | 是　　否 | | 缺陷说明: |
| 巡视人: | | 设备主人: | 巡视日期: | |

**附表 10:**

## 抄表通知单、交费通知单模板

国家电网 STATE GRID
你用电·我用心 Your Power·Our Care

**国网安徽省电力公司合肥供电公司抄表通知单** 95598

抄表日期　　　年　　月　　日　　　户　名
地　址　　　　　　　　　　　　户　号　　　　　　　序号
客户经理电话

| 指数类别 | 上次指数 | 本次指数 | 倍率 | 电量 | 电价 | 电费 |
|---|---|---|---|---|---|---|
| 总 | | | | | | |
| 谷 | | | | | | |
| 平 | | | | | | |

□正常　□估抄　□换表　□故障　换表日期　　　拆回指数　　　装出指数

表本号　　　　　　　　　表资产号
欠费通知:截止　　　　　　　　　　您户已累计欠费　　期,欠费　　　元(不含违约金),请尽快交纳!

温馨提示:如您对抄表指数和电费有异议,请联系客户经理或拨打服务电话核实。

国家电网 STATE GRID
你用电·我用心 Your Power·Our Care

**国网安徽省电力公司合肥供电公司客户交费通知单** 95598

尊敬的:　　　　　　　　　户号:　　　　　　　表资产号:
地　址:　　　　　　　　　　　　　　　　　　序号:

您未交电费累计　　　期,未交金额　　　　元(不含违约金),为了保证您的正常用电,请您尽快交清电费,谢谢合作!　客户经理电话:

最后抄表指数:

温馨提示　如您对抄表指数和电费有异议,请联系客户经理或拨打服务电话核实。

### 掌上电力

　　国家电网公司"掌上电力"手机客户端应用(以下简称"掌上电力"APP),该平台支撑Android、iOS两种主流手机操作系统供客户下载使用,具有用电查询、手机交费、停电公告、信息订阅等服务功能。"掌上电力"APP主要提供居民用电相关服务,一个注册客户可绑定访问多套住房的用电情况,也支持家中多个家庭成员或租户共同访问;同时支持为他人代交电费或异地交电费,将所在地切换到相应地区后,可实现跨省交电费功能。

**附表 11:**

# 催费通知单、欠费停电通知单模板

---

国家电网 STATE GRID
你用电·我用心 Your Power Our Care

**国网安徽省电力公司合肥供电公司催费通知单** 95598

尊敬的： 户号： 表资产号：

地 址： 序号：

您未交电费累计 期，未交金额 元(不含违约金)，为了保证您的正常用电，请您尽快交清电费，谢谢合作！ 客户经理电话：

最后抄表指数：

| 温馨提示 | 如您对抄表指数和电费有异议，请联系客户经理或拨打服务电话核实。 |
|---|---|

---

国家电网 STATE GRID
你用电·我用心 Your Power Our Care

**国网安徽省电力公司合肥供电公司欠费停电通知单** 95598

尊敬的： 户号： 表资产号：

地 址： 序号：

您户未交电费已累计 期，欠费金额 元(不含违约金)，我公司将于 年 月 日依法对您户中止供电，届时请做好停电准备。

客户经理电话：

| 温馨提示 | 欠费交清后，如未及时复电请联系客户经理或拨打服务电话恢复供电。 |
|---|---|

---

## 居民阶梯电价小常识

根据《关于居民生活用电试行阶梯电价的通知》（皖价商（2012）121号），我省的分档电量和电价标准如下：

1、电量分档水平。第一档电量为每户每月180千瓦时以内，第二档电量为每户每月181-350千瓦时，第三档电量为每户每月350千瓦时以上部分。

2、电价标准。第一档电量电价维持现行价格；第二档电量电价在第一档基础上每千瓦时加价0.05元；第三档电量电价在第一档基础上每千瓦时加价0.3元。

3、对我省城乡"低保户"和农村"五保户"家庭每户每月设置10千瓦时免费用电基数。政府将另行规定具体免费办法。

考虑到我省季节气候差异较大，居民阶梯电量以一个年度为计量周期，月度滚动使用。

附表 12：

# 用电检查通知书

| 国家电网 STATE GRID 你用电·我用心 Your Power Our Care | 用 电 检 查 通 知 书 | 95598 24小时供电服务热线 |
| --- | --- | --- |

No：

| 客户名称 | | 客户编号 | |
| --- | --- | --- | --- |
| 表资产号 | | 地 址 | |
| 法人代表 | | 联系电话 | |

| 安全隐患及整改意见 | |
| --- | --- |
| | |
| | 处理意见：鉴于你户存在安全隐患，请抓紧时间按照国家有关标准规范进行整改，并及时将整改情况反馈本公司。 |

| 计量装置故障 | ☐ 电能表烧坏　☐（　　）互感器烧坏　☐ 其它（　　　　） |
| --- | --- |

| 违约用电及窃电 | 1、高价低接 | ☐ |
| --- | --- | --- |
| | 2、私自增容 | ☐ |
| | 3、擅自使用已在供电企业办理暂停手续的电力设备 | ☐ |
| | 4、私自迁移，更动和擅自操作供电企业的用电计量装置 | ☐ |
| | 5、未经供电企业同意，擅自引入（供出）电源或将备用电源和其他电源私自并网 | ☐ |
| | 6、在供电企业的供电设施上，擅自接线用电 | ☐ |
| | 7、绕越供电企业的用电计量装置用电 | ☐ |
| | 8、伪造或开启供电企业加封用电计量装置封印用电 | ☐ |
| | 9、故意损坏供电企业用电计量装置 | ☐ |
| | 10、故意使供电企业用电计量装置不准或失效 | ☐ |
| | 11、采用其它方法窃电 | ☐ |
| | |

| 处理意见：我公司于20　　年　　月　　日对你户进行用电检查，发现你户确实存在违约用电行为。依据《电力法》、《电力供应与使用条列》和《供电营业规则》，请你户携带有关生产经营资料，于20　　年　　月　　日至　　月　　日到本公司　　　　　　办理交付追补电费、违约使用电费事宜，逾期不来办理，本公司将依法对你户中止供电。 | |
| --- | --- |

| 客户签名 | | 日 期 | |
| --- | --- | --- | --- |
| 用电检查人 | | 联系电话 | |

印刷说明：一式两份，一份为客户联，一份为供电公司联。

第联

附表 13：

# 台区同期线损管理情况统计表

| 台区客户经理 | 截止月末运行台区数 | 运行台区容量 | 低压用户数 | 实现台区月度同期线损自动统计情况 | | 实现采集覆盖台区情况 | | 实现台区同期线损在线检测情况 | |
|---|---|---|---|---|---|---|---|---|---|
| | | | | 已实现台区 | 占比 | 已覆盖台区 | 占比 | 已实现台区 | 占采集覆盖台区比重 |
| | | | | | | | | | |
| | | | | | | | | | |
| | | | | | | | | | |
| | | | | | | | | | |
| | | | | | | | | | |
| | | | | | | | | | |
| | | | | | | | | | |
| | | | | | | | | | |
| | | | | | | | | | |
| | | | | | | | | | |

附表 14:

## 台区月度同期线损统计表

单位:kW·h

| 台区客户经理 | 台区编号 | 台区名称 | 截止月末运行台区数 | 台区同期供电量 | | | 台区同期用电量 | | | 损失电量 | | | 台区线损率 | | |
|---|---|---|---|---|---|---|---|---|---|---|---|---|---|---|---|
| | | | | 本月 | 本季 | 本年 | 本月 | 本季 | 本年 | 本月 | 本季 | 本年 | 本月 | 本季 | 本年 |
| | | 总计 | | | | | | | | | | | | | |
| | | 合计 | | | | | | | | | | | | | |
| | | | | | | | | | | | | | | | |
| | | | | | | | | | | | | | | | |
| | | 合计 | | | | | | | | | | | | | |
| | | | | | | | | | | | | | | | |
| | | | | | | | | | | | | | | | |

（续表）

| 台区客户经理 | 台区编号 | 台区名称 | 截止月末运行台区数 | 台区同期供电量 | | | 台区同期用电量 | | | 损失电量 | | | 台区线损率 | | |
|---|---|---|---|---|---|---|---|---|---|---|---|---|---|---|---|
| | | | | 本月 | 本季 | 本年 | 本月 | 本季 | 本年 | 本月 | 本季 | 本年 | 本月 | 本季 | 本年 |
| | | 合计 | | | | | | | | | | | | | |
| | | | | | | | | | | | | | | | |
| | | | | | | | | | | | | | | | |
| | | 合计 | | | | | | | | | | | | | |
| | | | | | | | | | | | | | | | |
| | | | | | | | | | | | | | | | |
| | | 合计 | | | | | | | | | | | | | |
| | | | | | | | | | | | | | | | |
| | | | | | | | | | | | | | | | |

附表 15:

## 台区月度同期线率分布表

| 台区客户经理 | 截止月末运行台区数 | 本月同期线损率 | 其中分布在如下范围的台区数量 | | | | | |
|---|---|---|---|---|---|---|---|---|
| | | | ≤0% | >0%且≤4% | >4%且≤7% | >7%且≤10% | >10%且≤15% | >15% |
| | | | | | | | | |
| | | | | | | | | |
| | | | | | | | | |
| | | | | | | | | |
| | | | | | | | | |
| | | | | | | | | |
| | | | | | | | | |
| | | | | | | | | |
| | | | | | | | | |

附表16:

# 同期线损异常台区治理情况统计表

单位:kW·h

| 同期线损异常原因分类 | 截止上月末异常台区数量 | | | 本月完成治理线损回归合格的台区数量 | | | 异常台区本月治理数量 | | | 本年累计治理异常台区数量 | | | 异常台区治理本月减损电量 | 异常台区治理本年累计减损电量 |
|---|---|---|---|---|---|---|---|---|---|---|---|---|---|---|
| | 合计 | 其中 | | 合计 | 其中 | | 合计 | 其中 | | 合计 | 其中 | | | |
| | | 高损 | 负损 | | 高损 | 负损 | | 高损 | 负损 | | 高损 | 负损 | | |
| 合计 | | | | | | | | | | | | | | |
| 其中/统计因素 户变关系错误 | | | | | | | | | | | | | | |
| 无表用电未统计 | | | | | | | | | | | | | | |
| 退补电量未统计 | | | | | | | | | | | | | | |
| 小电量未抄回 | | | | | | | | | | | | | | |
| 其他 | | | | | | | | | | | | | | |

（续表）

| 同期线损异常原因分类 | | 截止上月末异常台区数量 | | | 本月完成治理线损回归合格区域的台区数量 | | | 异常台区本月治理数量 | | | 本年累计治理异常台区数量 | | | 异常台区治理本月减损电量 | 异常台区治理本年累计减损电量 |
|---|---|---|---|---|---|---|---|---|---|---|---|---|---|---|---|
| | | 合计 | 其中 | | 合计 | 其中 | | 合计 | 其中 | | 合计 | 其中 | | | |
| | | | 高损 | 负损 | | 高损 | 负损 | | 高损 | 负损 | | 高损 | 负损 | | |
| 计量因素 | 合计 | | | | | | | | | | | | | | |
| | 其中 接线错误 | | | | | | | | | | | | | | |
| | 表计故障 | | | | | | | | | | | | | | |
| | CT故障 | | | | | | | | | | | | | | |
| | CT倍率错误 | | | | | | | | | | | | | | |
| | 其他 | | | | | | | | | | | | | | |
| 窃电因素 | 合计 | | | | | | | | | | | | | | |
| 技术因素 | 合计 | | | | | | | | | | | | | | |
| | 其中 供电半径大 | | | | | | | | | | | | | | |
| | 线路迂回 | | | | | | | | | | | | | | |
| | 三相负载不平衡 | | | | | | | | | | | | | | |
| | 台区设备老旧 | | | | | | | | | | | | | | |
| | 线径相对小 | | | | | | | | | | | | | | |
| | 其他 | | | | | | | | | | | | | | |

附表 17:

# 办公自用电情况统计表

单位:kW·h

| 办公用电名称 | 用电量 | | | |
| --- | --- | --- | --- | --- |
| | 本月 | 上年同期 | 本年累计 | 上年累计 |
| | | | | |
| | | | | |
| | | | | |
| | | | | |
| | | | | |
| | | | | |
| | | | | |
| | | | | |

**附表 18：**

## 档案交接单

| 户名 | 户号 | 档案内容 | 移交人签名 | 接收人签名 | 交接时间 |
|---|---|---|---|---|---|
|  |  |  |  |  |  |
|  |  |  |  |  |  |
|  |  |  |  |  |  |
|  |  |  |  |  |  |
|  |  |  |  |  |  |
|  |  |  |  |  |  |
|  |  |  |  |  |  |
|  |  |  |  |  |  |
|  |  |  |  |  |  |
|  |  |  |  |  |  |
|  |  |  |  |  |  |
|  |  |  |  |  |  |

附表 19:

# 档案借阅、调阅登记表

| 户号 | 户名 | 原因 | 方式 | | 借调阅人签字 | 审批签字 | 借调阅时间 | 归还日期 |
|------|------|------|------|------|--------------|----------|------------|----------|
| | | | 借阅 | 调阅 | | | | |
| | | | | | | | | |
| | | | | | | | | |
| | | | | | | | | |
| | | | | | | | | |
| | | | | | | | | |
| | | | | | | | | |
| | | | | | | | | |
| | | | | | | | | |
| | | | | | | | | |
| | | | | | | | | |
| | | | | | | | | |

## 附表20：智能交费补充服务协议

智能交费补充服务协议

用电客户号：□□□□□□□□□□

供电方：_____

用电方：_____ 身份证号：□□□□□□□□□□□□□□□□□□

一、为进一步明确供用电双方在电力供应与使用中的权利和义务，依据《中华人民共和国合同法》《中华人民共和国电力法》《电力供应与使用条例》《供电营业规则》有关规定，经双方协商一致，对电费结算方式达成如下协议：

1. 供电方为用电方安装智能电能表，并采用费控（即先付费、后用电）方式供电，用电方在用电前须向供电方预存电费后方可用电。

2. 供电方每日对用电方用电情况进行抄表记录，并根据抄表情况进行电费测算，经测算：

（1）当用电方的可用电费余额达到预警限额__（居民30□/非居民100□）__元及以下时，供电方将（通过__短信__等方式）向用电方发出预警提示。用电方应在接到供电方预警提示后，及时续交电费。

（2）当用电方的可用电费余额达到停电限额__0__元及以下时，供电方将停止供电。用电方在续交电费后，供电方负责在24小时内恢复供电。因用电方未及时续交电费，导致停电所造成的后果由用电方承担。

3. 供电方按抄表例日对电能表记录数据进行电费计算并出账。用电方当期所发生的电费以供电方当期出账的电费为准。

二、供电方提供短信自动通知服务方式。

用电方手机号码：□□□□□□□□□□□。供电方代为**免费订阅短信**，供电方不再派送纸质通知单。为保证用电方及时了解用电情况，**在本协议终止前短信通知服务不允许取消**。因用电方提供号码错误、号码变更未及时通知供电方等原因造成用电方未接收到用电信息的，相关后果由用电方负责。

三、用电方应足额缴纳电费。用电方对用电计量、电费有异议时，先交清电费，然后双方协商解决。协商不成时，可请求电力主管部门调解。调解不成时，双方可选择申请仲裁或提起诉讼其中一种方式解决。

四、供用电双方如变更用户名、电话号码，应及时通知对方。如因一方变更，未及时通知另一方，造成的一切后果由变更户名、电话号码的一方负责。

五、当房屋的实际使用人发生变更时，用电方有义务及时告知房屋实际使用人及时足额预交电费。如因用电方提醒不到位造成的停电损失，应由用电方承担。

六、本协议作为双方签订的供用电合同的附件。与供用电合同内容不一致的,以本协议为准。

七、本协议未尽事宜,按《电力法》及配套法规有关规定执行,没有明确规定的,由供用电双方协商确定。如遇国家电价政策性调整,电费计算按新的政策规定执行。

八、本协议一式三份,双方各执一份,一份存档,本协议有效期与供用电合同有效期一致。合同到期后延期的,如供用电双方都未提出变更,有效期自动延期(延期次数不限)。

本协议的全部内容双方已经相互解释沟通,用电方确认对全部内容清楚、理解。

供电方:                          用电方:

代表人(签字):                  代表人(签字):

签字日期:                        签字日期:

附表 21:

# 分布式光伏发电项目并网申请表

| 项目编号 | | 申请日期 | 年 月 日 | |
|---|---|---|---|---|
| 项目名称 | | | | |
| 项目地址 | | | | |
| 项目投资方 | | | | |
| 项目联系人 | | 联系人电话 | | |
| 联系人地址 | | | | |
| 装机容量 | 投产规模 kW<br>本期规模 kW<br>终期规模 kW | 意向并网<br>电压等级 | □10(6)kV<br>□380V<br>□其他 | |
| 发电量意向<br>消纳方式 | □全部自用<br>□全部上网<br>□自发自用余电上网 | 意向<br>并网点 | □用户侧(个)<br>□公共电网(个) | |
| 计划<br>开工时间 | | 计划<br>投产时间 | | |
| 核准要求 | □省级□地市级□其他_____ | | □不需核准 | |
| 下述内容由选择自发自用、余电上网的项目业主填写 | | | | |
| 用电情况 | 月用电量(　　　kW·h)<br>装接容量(万 kV·A) | 主要<br>用电设备 | | |
| 业主提供<br>资料清单 | 1. 经办人身份证原件及复印件和法人委托书原件(或法人代表身份证原件及复印件)<br>2. 企业法人营业执照(或个人户口本)、土地证、房产证等项目合法性支持性文件<br>3. 政府投资主管部门同意项目开展前期工作的批复(需核准项目)<br>4. 项目前期工作相关资料 | | | |
| 本表中的信息及提供的文件真实准确,谨此确认。<br><br>　申请单位:(公章)<br>　申请个人:(经办人签字)<br>　　　　　　　　年 月 日 | | 客户提供的文件已审核,并网申请已受理,谨此确认。<br><br>　受理单位:(公章)<br><br><br>　　　　　　　　年 月 日 | | |
| 受理人 | | 受理日期 | 年 月 日 | |
| 告知事项:<br>1. 本表信息由客服中心录入,申请单位(个人用户经办人)与客服中心签章确认;<br>2. 本表 1 式 2 份,双方各执 1 份 | | | | |

**附表 22：**

# 低压分布式光伏发电项目现场勘查单

| 客户基本信息 | | | | |
|---|---|---|---|---|
| 户号 | | 申请编号 | | （档案标识二维码，系统自动生成） |
| 户名 | | | | |
| 联系人 | | 联系电话 | | |
| 客户地址 | | | | |
| 申请备注 | | | | |

| 现场勘查人员核定 | |
|---|---|
| 申请发电消纳方式 | 核定情况:是□ 否□ ＿＿＿＿＿＿＿ |
| 申请并网电压 | 核定并网电压:220V□　　380V□ |
| 申请并网容量 | 核定并网容量: |
| 接入点信息 | 包括电源点信息、线路敷设方式及路径、电气设备相关情况 |
| 受电点信息 | 包括受电设施建设类型、主要用电设备特性 |
| 计量点 1 信息 | 包括计量装置安装位置 |
| 计量点 2 信息 | 包括计量装置安装位置 |
| 其他 | |

| 主要设备 | | | | |
|---|---|---|---|---|
| 设备名称 | 型号 | 数量 | 总容量（千瓦） | 备注 |
| | | | | |
| | | | | |
| | | | | |

供电简图：

| | | | |
|---|---|---|---|
| 勘查人（签名） | | 勘查日期 | 年　月　日 |

**附表 23:**

## 分布式光伏发电项目并网验收和调试申请表

| 项目编号 | | 申请日期 | 年 月 日 |
|---|---|---|---|
| 项目名称 | | | |
| 项目地址 | | | |
| 项目投资方 | | | |
| 项目联系人 | | 联系人电话 | |
| 联系人地址 | | | |
| 主体工程<br>完工时间 | | 业务性质 | □新建<br>□扩建 |
| 本期<br>装机规模 | kW | 并网电压 | □10(6)kV<br>□380V |
| 接入方式 | □接入用户侧<br>□接入公共电网 | 并网点 | □用户侧(个)<br>□公共电网(个) |
| 计划<br>验收时间 | | 计划<br>投产时间 | |
| 核准要求 | □省级□地市级□其他_____ □不需核准 | | |
| 并网点位置简单描述 | | | |
| 并网点 1 | | 并网点 2 | |
| 并网点 3 | | 并网点 4 | |
| 并网点 5 | | 并网点 6 | |
| 并网点 7 | | 并网点 8 | |
| 并网点 9 | | 并网点 10 | |
| 本表中的信息及提供的资料真实准确,谨此确认。<br>申请单位:(公章)<br>申请个人:(经办人签字)<br>年 月 日 | | 客户提供的资料已审核,并网申请已受理,谨此确认。<br>受理单位:(公章)<br>年 月 日 | |
| 受理人 | | 受理日期 | 年 月 日 |
| 告知事项:<br>1.本表1式2份,双方各执1份。<br>2.具体验收时间将电话通知项目联系人。 | | | |

**附表 24：**

# 分布式光伏发电项目并网验收意见单

| 项目编号 | | 申请日期 | 年　月　日 | |
|---|---|---|---|---|
| 项目名称 | | | | |
| 项目地址 | | | | |
| 项目投资方 | | | | |
| 项目联系人 | | 联系人电话 | | |
| 联系人地址 | | | | |
| 主体工程完工时间 | | 业务性质 | □新建<br>□扩建 | |
| 本期装机规模 | kW | 并网电压 | □10(6)kV<br>□380V | |
| 接入方式 | □接入用户侧<br>□接入公共电网 | 并网点 | □用户侧(个)<br>□公共电网(个) | |
| 现场验收人员填写 | | | | |
| 验收项目 | 验收说明 | 结论 | 验收项目 | 验收说明 | 结论 |
| 线路(电缆) | | | 防孤岛保护测试 | | |
| 并网开关 | | | 隐蔽工程质量 | | |
| 变压器 | | | 其他电气试验结果 | | |
| 避雷器 | | | 安全标识 | | |
| 继电保护 | | | 安全工器具配置 | | |
| 电容器 | | | 消防器材 | | |
| 配电装置 | | | 作业人员资格 | | |
| 计量点位置 | | | 计量装置 | | |
| 验收总体结论： | | | | | |
| 验收负责人签字 | | | 经办人签字 | | |
| 告知事项：<br>　　验收通过后,请配合电网公司开展并网调试工作。 | | | | | |

附表25：

# 充换电设施报装申请表(正面)

| 申请编号 | 客户编号 | | 业务类别 | 供电管理单位 | |
|---|---|---|---|---|---|
| | | | | | |

以下由客户填写

| 客户名称 | | | 用电地址 | | |
|---|---|---|---|---|---|
| 物业名称 | | | 车位地址及数量 | | |
| 工商登记号 | | 组织机构代码证号 | | 税务登记号 | |
| 联系人 | | 身份证号 | | 联系电话 | 固定:<br>移动: |
| 客户性质 | □居民 □其他 | 报装类别 | □增容 □新装 | 用电模式 | □自用 □经营 |
| 原有容量 | kV·A/kW | 新增容量 | kV·A/kW | 最终容量 | kV·A/kW |

交流充换电设施安装位置详细描述(二维码):

充电设备电气参数及其他特别说明:

以上提供资料完全属实并已掌握充换电设施用电业务办理流程,谨此确认

申请人签字(盖章):

申请日期: 年 月 日

| 受理人: | 受理时间: |
|---|---|

附表 26:

# 电动汽车充电桩供用电协议(背面)

为明确供电企业(以下简称供方)和用电单位(以下简称用电方)在电力供应与使用中的权利和义务,安全、经济、合理、有序地供电和用电,根据《中华人民共和国合同法》《中华人民共和国电力法》《电力供应与使用条例》和《供电营业规则》的规定,经供电方、用电方协商一致,签订本协议,共同信守,严格履行。

一、用电方基本情况

1. 电价:＿＿＿＿＿＿＿＿＿＿；若遇电价调整,按调价政策规定执行。

2. 用电容量为＿＿＿＿＿＿千瓦,该容量为协议约定用电方的最大装接容量,如超过约定容量用电,造成的损失由用电方自行承担。用电方需增加用电容量,应到供电方办理增容手续。

3. 电费支付方式及结算周期:＿＿＿＿＿＿＿＿＿＿＿＿＿＿＿＿＿＿＿＿＿。

4. 供电设施维护管理责任:＿＿＿＿＿＿＿＿＿＿＿＿＿＿＿＿＿＿＿＿＿。

二、双方的权利与义务

1. 在电力系统正常状况下,供电方按《供电营业规则》规定的电能质量标准向用电方供电。

2. 用电方不得擅自改变用电性质用电、向用电地址外转供电力。

3. 对用电方有下列情况之一者,供电方有权中止供电:

(1)不可抗力和紧急避险;

(2)确有窃电行为;

(3)危害供用电安全,扰乱供用电秩序,拒绝检查者;

(4)拖欠电费经通知催交到期仍不交者;

(5)拒不在规定限期内交付违约用电引起的费用者;

(6)用电方受电装置经供电方检验不合格,在指定期限内未整改者。

4. 供电方、用电方若对电能表计量有异议时,应进行校验。若用电方提出异议,应办理校验申请,并交纳校验费;经校验超差的,供用电双方按校验结果进行退、补电费(退、补时间从上次校验或换表之日起至误差更正之日止的二分之一时间计算)。

5. 用电方应保证电动汽车充电桩的电气参数、性能要求、安全防护功能等符合国家或行业标准,并采取积极有效的技术措施对影响电能质量的因素实施有效治理,确保控制在国家规定的电能质量指标限值范围内。

6. 用电方应加装逆功率保护装置,确保不会通过电动汽车储能电池向电网送电。

三、违约责任

1. 供电方违反本供用电协议,给用电方造成损失的,应当依法承担赔偿责任。

2. 用电方若有窃电行为,供电方可当场中止供电,用电方按所窃电量补交电费,并承担补交电费 3 倍的违约使用电费。

3. 用电方在规定期限内未交清电费的,应承担电费滞纳的违约责任。电费违约金从逾期之日起计算至交纳之日止,每日按欠费总额的千分之一计算,不足 1 元按 1 元计收。

4. 用电方擅自接用电价高的用电设备或私自改变用电类别,应按照实际使用日期补交其差额电费,并承担 2 倍差额电费的违约使用电费。

5. 用电方私自迁移、更动和擅自操作供电方的电能计量装置、供用电设施,应承担每次 500 元的违约使用电费,并承担因上述行为所造成的一切责任和经济损失。

6. 用电方私自向外转供电能,根据《供电营业规则》第一百条第六款的规定,除当即拆除接线外,并承担每千瓦(千伏安)500 元的违约使用电费。

四、争议的解决方式

供电方、用电方因履行本协议发生争议时,应协商解决。协商不成时,双方共同提请电力管理部门行政调解。调解不成时,双方可选择申请仲裁或提起诉讼其中一种方式解决。

五、本协议的效力及未尽事宜

1. 本协议未尽事宜按《电力法》《电力供应与使用条例》《供电营业规则》等有关法律、法规、规章的规定办理。如遇国家法律、政策调整时,则按规定修改、补充本协议有关条款。

2. 本协议自签订之日起_____年内有效,协议到期后,双方对本协议的条款没有异议时,本协议继续有效。

3. 供电方、用电方任何一方欲变更、解除协议时,按《供电营业规则》第九十四条办理。在变更、解除的书面协议签订前,本协议继续有效。

4. 本协议一式二份,供电方、用电方双方各执一份,自签订之日起生效。

供电方: (公章) 用电方: (公章)

委托代理人: (签字) 委托代理人: (签字)

签约时间: 年 月 日 签约时间: 年 月 日

签约地点:

**附表 27：**

# 低压客户充换电设施现场勘查工作单

| 申请编号 | | 申请类别 | | 客户编号 | |
|---|---|---|---|---|---|
| 客户名称 | | | | 联系人 | |
| 用电地址 | | | | 联系电话 | |
| 行业类别 | | | | 用电类别 | |
| 原有容量 | | 申请容量 | | 合计容量 | |
| 申请数量及说明 | | | | | |

| 以下由勘查人员现场填写 |
|---|

| 主/备线路 | 配变名称及 T 接点 | 供电电压（kV） | 原有容量（kW） | 新增容量（kW） | 总容量（kW） |
|---|---|---|---|---|---|
| | | | | | |
| | | | | | |

| 计量计费方式 | 计量组号 | 计量点电压 | 电价类别 | 电能表 | | | 电流互感器 | |
|---|---|---|---|---|---|---|---|---|
| | | | | 电表类型 | 电流 | 产权 | 变比 | 产权 |
| | | | | | | | | |
| | | | | | | | | |
| | | | | | | | | |

| 采集装置类型 | | 有无受电工程 | |
|---|---|---|---|

| 供电接线示意图 | 备注 |
|---|---|
| （标注产权分界点）<br>（居民客户需标注接户线线路长度） | |

| 勘查人： | 勘查日期： |
|---|---|

# 4. 所务管理类

附表 1: 会议记录(适用于除安全活动会议等专项会议通用会议记录)

## _____会议记录(样张)

| 会议主题 | | | |
|---|---|---|---|
| 参加人员 | | | |
| 缺席人员 | | | |
| 补学人员 | | | |
| 时　间 | | 地　点 | |
| 主持人 | | 记录人 | |
| 活　动　记　录 | | | |
| | | | |

**附表2:工作计划及总结**

# 工作计划及总结

## ××年(月)工作计划及总结

一、主要工作完成情况

1. 安全工作方面

×月份安排安全类计划工作×××项,实际完成×××项,其中未完成工作为:列举说明何项计划因何原因推迟或取消。

×月份主要工作:依次列举

2. 生产工作方面

×月份安排生产类计划工作×××项,实际完成×××项,其中未完成工作为:列举说明何项计划因何原因推迟或取消。

×月份主要工作:依次列举

3. 营销工作方面

×月份安排营销类计划工作×××项,实际完成×××项,其中未完成工作为:列举说明何项计划因何原因推迟或取消。

×月份主要工作:依次列举

4. 综合工作方面

×月份安排综合类计划工作×××项,实际完成×××项,其中未完成工作为:列举说明何项计划因何原因推迟或取消。

×月份主要工作:依次列举

二、存在的问题及整改措施

1. ××××××××

2. ××××××××

三、下年(月)重点工作计划

(一)安全工作方面

1. ××××××××

2. ××××××××

(二)生产工作方面

1. ××××××××

2. ××××××××

(三)营销工作方面

1. ××××××××

2. ××××××××

(四)综合工作方面

1. ××××××××

2. ××××××××

**附表3:年度培训任务完成情况统计表**

## 年度培训任务完成情况统计表

单位：　　　　　　　　　　　　　　　　　　　　日期：　　年　　月　　日

| 序号 | 培训班名称 | 培训内容 | 培训对象 | 培训人数 | 负责人 | 主讲人 | 培训起始时间 | 培训学时 | 培训地点 |
|------|-----------|---------|---------|---------|-------|-------|-----------|---------|---------|
| 1 | | | | | | | | | |
| 2 | | | | | | | | | |
| 3 | | | | | | | | | |
| 4 | | | | | | | | | |
| 5 | | | | | | | | | |
| 6 | | | | | | | | | |
| 7 | | | | | | | | | |
| 8 | | | | | | | | | |
| 9 | | | | | | | | | |
| 10 | | | | | | | | | |
| 11 | | | | | | | | | |
| 12 | | | | | | | | | |

审核人：　　　　　　　　　　　　　　　　　　　　　　填表人：

**附表 4:供电所教育培训计划表**

## 供电所教育培训计划表

| 序号 | 培训内容 | 主办单位 | 培训对象 | 培训时间 | 培训人数 | 备注 |
|---|---|---|---|---|---|---|
| 1 | | | | | | |
| 2 | | | | | | |
| 3 | | | | | | |
| 4 | | | | | | |
| 5 | | | | | | |
| 6 | | | | | | |
| 7 | | | | | | |
| 8 | | | | | | |
| 9 | | | | | | |
| 10 | | | | | | |
| 11 | | | | | | |
| 12 | | | | | | |
| 13 | | | | | | |
| 14 | | | | | | |

**附表 5:供电所个人培训档案**

# 供电所个人培训档案

| 姓　名 | | 性　别 | | 民　族 | |
|---|---|---|---|---|---|
| 出生日期 | | 学　历 | | 岗　位 | |
| 政治面貌 | | 职称、技能等级 | | | |
| 序号 | 培训科目 | 培训时间 | 考试成绩 | 备　注 | |
| | | | | | |
| | | | | | |
| | | | | | |
| | | | | | |
| | | | | | |
| | | | | | |
| | | | | | |
| | | | | | |
| | | | | | |
| | | | | | |
| | | | | | |
| | | | | | |
| | | | | | |

附表 6：师徒合同

# 师 徒 合 同

导师：＿＿＿＿＿＿＿

徒弟：＿＿＿＿＿＿＿

**国网＃＃供电公司**
**年　　月**

# 师徒合同书

## 师傅职责

1. 认真地把技术操作知识和生产经验传授给徒弟,按时完成对徒弟的培养任务。

2. 关心和爱护徒弟,经常进行安全、职业道德和理想信念教育,培养徒弟爱岗敬业和学习进取的精神。

3. 定期向领导汇报徒弟的学习情况。

4. 对徒弟有缺点、错误的,应耐心教育,经教育仍不能改正的,可建议领导给予适当处理。

5. 做到作风正、技术精、素质好,树立良好的师傅形象。

师傅: 　　　年　月　日

## 徒弟职责

1. 积极参加政治理论和专业技术学习,不断提高自己的思想觉悟和技术水平。

2. 服从领导,尊敬师傅,团结同志,按时完成各项学习、生产任务。

3. 严格遵守公司劳动纪律和其他各项规章制度。

4. 工作积极主动,有责任感,有进取心。努力对工作提出改进和创新的思路和方法,提高实际操作水平。

5. 如不能按规定完成培训计划和学习任务,自愿接受公司有关管理制度的考核和处罚。

徒弟: 　　　年　月　日

| 姓名 | 性别 | 年龄 | 工种 | 级别 | 文化程度 | 入公司年月 | 备注 |
|---|---|---|---|---|---|---|---|
| 徒弟 | | | | | | | |
| 师傅 | | | | | | | |
| 合同期限 | 自　年　月　日至　年　月　日止 | | | | | | |
| 班组意见 | 班组长签字：<br>　年　月　日 | | | | | | |
| 基层单位意见 | 签章：<br>　年　月　日 | | | | | | |
| 考评组意见 | 签章：<br>　年　月　日 | | | | | | |

**附表 7:培训记录**

# 培训记录

| 单　位 | | 班　组 | |
|---|---|---|---|
| 日　期 | | 培训地点 | |
| 培训学时 | | 培训主题 | |

讲解人(单位):

参与人(签名):

主要内容:

总结评价:

| 记录人 | | 审核人 | |
|---|---|---|---|

**附表 8：供电所培训任务完成情况季度统计表**

供电所培训任务完成情况季度统计表

供电所培训任务完成情况季度统计表

| 计划时间 | 培训人 | 完成时间 | 地点 | 培训人数 | 培训内容 | 培训方式 | 完成情况 | 备注 |
|---|---|---|---|---|---|---|---|---|
|  |  |  |  |  |  |  |  |  |
|  |  |  |  |  |  |  |  |  |
|  |  |  |  |  |  |  |  |  |
|  |  |  |  |  |  |  |  |  |
|  |  |  |  |  |  |  |  |  |
|  |  |  |  |  |  |  |  |  |
|  |  |  |  |  |  |  |  |  |
|  |  |  |  |  |  |  |  |  |
|  |  |  |  |  |  |  |  |  |
|  |  |  |  |  |  |  |  |  |

附表 9：供电所各类竞赛、调考及考试成绩记录

## 供电所各类竞赛、调考及考试成绩记录

| 序号 | 供电所名称 | 竞赛调考类别 | 班组类别 | 姓名 | 成绩 | 职务 | 性别 | 年龄 | 备注 |
|------|-----------|------------|----------|------|------|------|------|------|------|
|      |           |            |          |      |      |      |      |      |      |
|      |           |            |          |      |      |      |      |      |      |
|      |           |            |          |      |      |      |      |      |      |
|      |           |            |          |      |      |      |      |      |      |
|      |           |            |          |      |      |      |      |      |      |
|      |           |            |          |      |      |      |      |      |      |
|      |           |            |          |      |      |      |      |      |      |
|      |           |            |          |      |      |      |      |      |      |
|      |           |            |          |      |      |      |      |      |      |
|      |           |            |          |      |      |      |      |      |      |

## 附表 10：绩效合约

### ××××供电所绩效合约

甲方：班组长（绩效经理人）_____

乙方：班组员工_____

为加强班组绩效管理，全面完成年度各项工作任务，本着公平、合理原则，双方经充分协商，就班组绩效考核相关事项订立如下合约：

## 一、考核重点

（围绕全面完成班组年度工作目标，设定包括班组核心业务、安全生产与优质服务等方面重点任务和指标，以5～7项为宜。）

1.

2.

……

## 二、考核方式

1. 班组绩效考核实行绩效经理人制度，班组长是本班组员工的绩效经理人，负责对班组员工的绩效完成情况进行评价考核。

2. 班组员工的绩效考核按照"工作积分制"方式考核，考核内容及工作积分标准按附表执行。

3. 考核分月度考核和年度考核，月度考核得分由月度积分和综合评价得分折算而成，年度考核得分由年度内各月度平均考核分、年度综合评价得分和教育培训积分三部分累加组成。积分规则和积分折算考核分规则按公司相关规定执行。

## 三、考核兑现

1. 三大员、班长和班组员工的绩效工资根据考核结果核算发放。按照班组员工月度得分占班组总分的比例核算兑现月度绩效工资；设置年度绩效工资的，以员工年度绩效考核等级核算兑现年度绩效工资。

2. 各供电所要严格执行绩效考核管理规定，严肃绩效考核纪律，保证绩效考核工作的质量和效果，将此项工作纳入班组长个人绩效考核。

## 四、其他

（一）违反上级单位关于安全生产、优质服务等规章制度被处罚的，按照相关制度执行。

（二）因组织机构变动、业务流程调整等因素影响上述积分标准的，经班组员工协商一致后进行调整。

（三）本合约须经上一级单位审定，自双方签字之日起生效，未尽事宜双方协商可补充协议。

（四）本合约一式 3 份，由上一级单位、班组长和班组员工各持一份。

## 五、合约期限

20 ＿＿＿ 年 1 月 1 日至 20 ＿＿＿ 年 12 月 31 日

## 六、签字

班组长：

班组员工：

签约时间：＿＿＿＿＿＿＿＿上级签章：＿＿＿＿＿＿＿

**附表 11:绩效沟通和改进计划评定表**

## 绩效沟通和改进计划评定表

| 部门/班组 | | 岗　位 | |
|---|---|---|---|
| 姓　名 | | 绩效周期 | |

考核情况：

面谈纪要：

绩效改进计划

| 改进事项 | 改进目标 | 措施 | 所需支持 |
|---|---|---|---|
| | | | |

| 绩效经理人（签字） | 被考核人（签字） |
|---|---|
| 　　　　年　月　日 | 　　　　年　月　日 |

**附表 12:绩效申述表**

## 绩效申述表

| 申述部门(人员) | |
|---|---|
| 申述时间 | |
| 申述事项 | (例)2015 年度绩效评价结果 |
| 申述内容 | 2015 年度绩效评价结果为××;因××原因,认为存在×××偏差,具体如下:<br><br>1.<br><br>2.<br><br>3.<br><br>……<br><br>附:佐证材料×件<br><br><br>员工(签字):<br>××××年××月××日 |
| 上一级<br>审核处理意见 | <br><br><br><br><br><br><br>××××年××月××日 |
| 绩效办公室<br>意见 | <br><br><br>××××年××月××日 |
| 处理情况 | <br><br><br>××××年××月××日 |
| 本表一式三份,一份申述人留存,一份绩效办公室存档,一份交意见处理部门。 | |

**附表 13:值班记录**

# 值 班 记 录

年 月 日

| 值班人员 | | | 时 间 | 起 时 分<br>止 时 分 | 天气 | |
|---|---|---|---|---|---|---|
| 时间 | 类别 | | 具 体 内 容 | | | |
| | | | | | | |
| | | | | | | |
| | | | | | | |
| | | | | | | |
| | | | | | | |
| | | | | | | |
| | | | | | | |
| | | | | | | |
| | | | | | | |
| | | | | | | |
| 时间 | 类别 | | 处 置 情 况 | | | |
| | | | | | | |
| | | | | | | |
| | | | | | | |
| | | | | | | |
| | | | | | | |
| | | | | | | |
| | | | | | | |

交接班事项：

| 接班负责人： | 交班负责人： | 交接时间： 日 时 分 |
|---|---|---|

**附表 14：协同工作单**

# 协同工作单

编号：

| 基本信息 | | | | | |
|---|---|---|---|---|---|
| 类型 | | | | | |
| 情况描述： | | | | | |
| 接收班组 | | 建议或限定完成期限 | | | |
| 发起人 | | 发起时间 | | 联系方式 | |
| 中心审核 | | 审核时间 | | 联系方式 | |
| 所长批示 | | | | | |

| 协同工作处理【工单接收部门填写】 | | | | | |
|---|---|---|---|---|---|
| 办理情况及办理结果 | | | | | |
| 办理人 | | 办理开始时间 | | 办理完成时间 | |
| 工作协同情况【发起部门填写】 | | | | | |
| 完成情况及成效： | | | | | |
| 评价人 | | 评价时间 | | | |
| 审核人 | | 审核时间 | | | |

**附表 15:备品备件台账及领用记录**

# 备品备件台账及领用记录

_＿＿＿＿_×××× _＿＿＿＿_年度

_＿＿＿_×××_＿＿＿_供电所

# 备品备件台账及领用记录填写说明

**一、填写要求：**

1. 本记录由负责安全监督工作的人员保管。

2. "备品备件"是为保障农村电网安全、可靠、稳定运行，及时处理各种突发事件，提高供电可靠性和物资备品、轮换性和消耗性备品。

3. 备品备件首先要根据材料类别及型号分别建立台账，记录材料入库时间、入库数量、入库人，其领用一般根据批准的"缺陷处理传递卡"进行，事故紧急处理所需材料可以先行领用，但事后要补办履行批准手续。材料领用时领用人员与保管人员在记录上分别签字，保管人员及时盘点库存数量。

4. 备品备件的管理：备品备件的管理要做到质量合格，不损伤、质变或丢失，备品备件入库时应进行验收，验收不合格不得入库，生产厂家的合格证、图纸由保管人妥善保管。备品备件应按要求分类存放，做到账、卡、物相符。备品备件在抢修工作中未消耗的，领用人员应及时将备品备件退回仓库，领用人员与保管人员办理退入库手续，做好登记。

5. 该记录采用明细账的记录方式。

**二、填写方式：** 手工记录

**三、填写周期：** 即时

**四、存放地点：** 备品备件室

目录

| 序号 | 名称 | 型号 | 单位 | 定额 | 页码 |
|------|------|------|------|------|------|
|  |  |  |  |  |  |
|  |  |  |  |  |  |
|  |  |  |  |  |  |
|  |  |  |  |  |  |
|  |  |  |  |  |  |
|  |  |  |  |  |  |
|  |  |  |  |  |  |
|  |  |  |  |  |  |
|  |  |  |  |  |  |

| 序号 | 名称 | 型号 | 单位 | 定额 | 页码 |
|------|------|------|------|------|------|
| 1 | 断路器 | DZL-400 | 台 | 3 | 1 |
| 2 | 防老化线 | 35平方 | 米 | 100 | 2 |
| 3 | 防老化线 | 25平方 | 米 | 100 | 3 |
|  | …… |  |  |  |  |
|  |  |  |  |  |  |
|  |  |  |  |  |  |
|  |  |  |  |  |  |
|  |  |  |  |  |  |

# 备品备件台帐及领用记录

材料设备名称:断路器　　型号:DZL-400　　单位:台　　定额:3　　保管人:×××

| 入库情况 | | | 出库情况 | | | | | |
| --- | --- | --- | --- | --- | --- | --- | --- | --- |
| 入库人签字 | 日期 | 数量 | 日期 | 数量 | 用途 | 工作票及相关工作单编号 | 领用人签字 | 库存数量 |
| ××× | 1月5日 | 3 | | | | | | 3 |
| | | | 5月3日 | 1 | ×××配变台区更换 | 1246574 | ××× | 2 |
| ××× | 5月5日 | 1 | | | | | | 3 |
| | | | 5月8日 | 1 | 杨家庄配变台区更换 | 1468287 | ××× | 2 |
| | | | 5月9日 | 2 | 山底配变台更换 | 1246586 | ××× | 0 |
| ××× | 5月9日 | 1 | | | | | | 1 |
| ××× | 5月11日 | 2 | | | | | | 3 |

(1)页

**附表 16:物资需求计划表**

# ××县公司物资需求计划表

申报单位:                                         申报日期:

| 序号 | 物资名称 | 规格型号 | 单位 | 数　量 | | 单价 | 总价 | 备注 |
| --- | --- | --- | --- | --- | --- | --- | --- | --- |
| | | | | 计划 | 核准 | | | |
| 1 | | | | | | | | |
| 2 | | | | | | | | |
| 3 | | | | | | | | |
| 4 | | | | | | | | |
| 5 | | | | | | | | |
| 6 | | | | | | | | |
| 7 | | | | | | | | |
| 8 | | | | | | | | |
| 9 | | | | | | | | |
| 10 | | | | | | | | |
| 11 | | | | | | | | |
| 12 | | | | | | | | |
| 13 | | | | | | | | |
| 14 | | | | | | | | |
| 15 | | | | | | | | |
| 16 | | | | | | | | |
| 17 | | | | | | | | |
| 18 | | | | | | | | |
| 19 | | | | | | | | |
| 20 | | | | | | | | |
| | | | | | | | | |

批准:          物管:          审核:          制表:

**附表 17:固定资产(非固定资产)废旧物资移交清单**

# ××县供电公司固定资产(非固定资产)废旧物资移交清单

(两联单:移交接收双方各执一联)

填报单位:                                                          年   月   日

| 序号 | 废旧物资名称 | 规格型号 | 单位 | 数量 | 地点 | 单价 | 金额 | 备注 |
|------|------|------|------|------|------|------|------|------|
|  |  |  |  |  |  |  |  |  |
|  |  |  |  |  |  |  |  |  |
|  |  |  |  |  |  |  |  |  |
|  |  |  |  |  |  |  |  |  |
|  |  |  |  |  |  |  |  |  |
|  |  |  |  |  |  |  |  |  |
|  |  |  |  |  |  |  |  |  |
|  |  |  |  |  |  |  |  |  |
|  |  |  |  |  |  |  |  |  |
|  |  |  |  |  |  |  |  |  |
|  |  |  |  |  |  |  |  |  |
|  |  |  |  |  |  |  |  |  |
|  |  |  |  |  |  |  |  |  |
|  |  |  |  |  |  |  |  |  |
|  |  |  |  |  |  |  |  |  |
|  |  |  |  |  |  |  |  |  |
|  |  |  |  |  |  |  |  |  |
| 合  计 |  |  |  |  |  |  |  |  |

移交单位(经办人):                                        接受单位(经办人):

(盖章)                                                          (盖章)

**附表 18:乡镇供电所所务公开一览表**

## 国网 XX 供电公司乡镇供电所所务公开一览表

| 序号 | 公开内容 | 公开方式 | 公开形式 |
|---|---|---|---|
| 1 | 与职工利益密切相关的管理制度 | 即时 | 职工大会、所务会 |
| 2 | 临时动议的涉及职工利益的决策事项和供电所重大管理事项 | 即时 | 职工大会、所务会、公开栏 |
| 3 | 人员岗位调整、工作调配、党团员发展、评先评优、培训安排及违纪处罚等情况 | 即时 | 所务会、公开栏 |
| 4 | 电量、电费回收、计量采集、线损等主要经营指标完成情况 | 每月 1 次 | 所务会 |
| 5 | 员工自用电电量以及电费交纳情况 | 每月 1 次 | 公开栏 |
| 6 | 职工绩效考核情况、奖惩情况等 | 每月 1 次 | 所务会、公示栏 |
| 7 | 物资材料使用情况 | 每月 1 次 | 所务会、公示栏 |
| 8 | 供电所管理成本支出 | 每月 1 次 | 所务会 |
| 9 | 废旧物资处置情况 | 每月 1 次 | 公示栏 |
|  |  |  |  |

**附表 19：所务公开—重要管理事项**

## ××供电公司所务公开—重要管理事项

（××××年××月）

| 一、人员岗位调整、工作调配、党团员发展、评先评优、培训安排及违纪处罚等情况。 |
|---|
| |
| 二、临时动议的涉及职工利益的决策事项和供电所重大管理事项。 |
| |
| 制表人签字：　　　　所长签字：　　　　监督小组签字：<br><br><br>日期：　年　月　日 |

**附表 20:所务公开—员工考核**

# ××供电公司所务公开—员工考核

## （××××年××月）

| 姓 名 | 绩效考核 | | 有关补助 | 其他奖惩事项 | 备 注 |
|---|---|---|---|---|---|
| | 考核分值 | 金额 | | | |
| | | | | | |
| | | | | | |
| | | | | | |
| | | | | | |
| | | | | | |
| | | | | | |
| | | | | | |
| | | | | | |
| | | | | | |
| | | | | | |
| | | | | | |
| | | | | | |
| | | | | | |
| | | | | | |
| | | | | | |
| | | | | | |
| | | | | | |
| | | | | | |
| | | | | | |
| | | | | | |
| | | | | | |
| | | | | | |

制表人签字：　　　　　所长签字：　　　　　监督小组签字：

日期：　年　月　日

附表 21：乡镇供电所"二十四"节气重点工作计划表

## 乡镇供电所"二十四"节气重点工作计划表（参考样例）

| 节气 | 口诀 | 重点工作 | 责任人 |
|------|------|----------|--------|
| 小寒 | 小寒一到数九天，安规培训把兵练；一年工作早打算，确保实现安全年。 | 上年度工作总结及下年度工作思路；组织《安规》培训考试，签订《安全生产责任书》和员工安全生产承诺书。 | 所长 |
| | | 做好低压设备特巡，红外测温，消缺工作，保证元旦、春节安全用电。 | 所长 |
| 大寒 | 大寒之后年快到，迎峰度冬准备好；隐患治理深入化，客户安全心牵挂。 | 开展低电压普测，核查备品备件做好应急准备，保证春节安全用电。 | 营销管理员 |
| | | 开展客户设备隐患排查，加强安全用电宣传，确保返乡人员节日安全用电。 | 运检技术员 |
| 立春 | 立春一过到衣时，台区治理不停滞；巡视消缺要细严，确保春节不停电。 | 做好重过载线路改造，低电压台区三相负荷不平衡调整工作 | 所长 |
| | | 继续开展设备特巡，重点做好重过载线路治理，剩余电流动作保护装置测试及保护，确保春节不停电。 | 运检技术员 |
| 雨水 | 雨水一过抓培训，安全管理年记心；数据质量比一比，采集监测共清理。 | 采用多种培训模式，加强农电员工春季培训，重点开展台区客户经理岗位业务知识轮训，确保人人过关。 | 所长 |
| | | 依据采集系统监测历史累积数据，制定提高采集系统指标措施，为电网迎峰度夏，低电压、过负荷治理提供技术支持。 | 营销管理员 |
| 惊蛰 | 惊蛰农村把房建，临时用电要安全；春检措施要完善，一卡一票两地线。 | 台区客户经理开展进村宣传、查禁线下建房；加强临时用电、农灌用电可靠电流保护率，运行率，做好临时用电安全工作。 | 营销管理员 |
| | | 认真执行"一票、一卡、一交底、现场勘查记录"等现场安全规定，确保春检、整改消缺现场施工安全。 | 安全质量员 |

（续表）

| 节气 | 口诀 | 重点工作 | 责任人 |
|---|---|---|---|
| 春分 | 春分时节正植树，政策宣传要到户； | 开展电力设施保护宣传，检查树下植树及各类警示牌，实施"清障、扶正、拆旧"专项行动，开展安全用电进校园活动。 | 运检技术员 |
| | 防雷预试开春忙，春季检修不漏项。 | 做好配电台剩余动作电流保护测试，春季线路检修准备工作。 | 运检技术员 |
| 清明 | 清明时节冰春风，各项工程正开工； | 加强清明期间防火特巡工作，做好设备预防性试验工作。 | 所长 |
| | 安全规程记心中，现场安全要硬功。 | 做好春检现场安全管控和春季安全大检查自查整改工作。 | 营销管理员 |
| 谷雨 | 谷雨一过是五一，节日用电莫忘记； | 开展低压配网设备隐患排查，治理工作，做好"五一"节日保供工作。 | 所长 |
| | 强化摸排负荷点，有序用电上台阶。 | 对辖区重要客户用电情况开展进行摸排登记，为可能出现的有序用电做好筹划。 | 营销管理员 |
| 立夏 | 立夏预示负荷增，迎峰度夏计划好； | 利用需求测控数据，做好迎峰度夏前期准备，对重载线路、低电压台区实施分线、分容、调相等工作。 | 运检技术员 |
| | 采集应用要深化，电费回收百分百。 | 深化采集系统应用，加强台区用电管理，确保电费回收百分百。 | 营销管理员 |
| 小满 | 小满到来农灌，农村用电要安全； | 开展农排线路安全用电宣传，整治私拉乱接现象，打击窃电行为，加强剩余电流保护器测试检查工作，做好农排临时用电安全管理工作。 | 安全质量员 |
| | 电能替代实干，市场开拓争在先。 | 开拓市场，摸排潜在的增量客户，探索实现电能替代的可能性，做好光伏发电、充电桩等新型业务服务。 | 营销管理员 |

（续表）

| 节气 | 口诀 | 重点工作 | 责任人 |
|---|---|---|---|
| 芒种 | 芒种时节麦收忙，三夏安全不能忘； | 做好"三夏"生产安全用电宣传、管理及服务工作。 | 所长 |
| | 中高考试要保电，全面排查是关键。 | 开展设备巡视、消缺，对辖区考点以及考生住宿点开展用电检查，做好高、中考保供电服务工作。 | 营销管理员 |
| 夏至 | 夏至马上汛期到，应急物资准备早； | 制定防汛预案，完善防汛组织，应急物资储备，做好防汛工作。 | 所长 |
| | 防汛应急值班好，保证接点温升到。 | 开展防汛机站，排查设备用电检查，建立值班制度，做好抢修工作。 | 运检技术员 |
| 小暑 | 小暑到来日头焦，设备接点温升高； | 开展配电线路交叉跨越及对地安全距离测量，做好配电设备巡视、消缺及配电室防雨治理，检查配电箱和 JP 柜锁具完好情况。 | 运检技术员 |
| | 气温逐渐在升高，有序用电错避峰。 | 摸排近期企业实际用电情况，开展有序用电工作。 | 营销管理员 |
| 大暑 | 大暑季节天最热，电网运行负荷高； | 做好夏季重载线路、台区监控，根据监控数据，配合开展低电压，重过载台区治理工作。加强居民客户端电压电压质量监测，开展末端用电客户走访活动，降低低压客类投诉风险。 | 营销管理员 |
| | 重载线路和台区，跟踪到位勤监测。 | 开展线损理论计算，在负荷运行高峰期开展线路、台区三相不平衡现场检测及调整工作。 | 运检技术员 |

（续表）

| 节气 | 口诀 | 重点工作 | 责任人 |
|---|---|---|---|
| 立秋 | 时到立秋年过半，重点工作回头看； | 梳理年度重点工作完成情况，加强电费抄核收、计量管理、窗口服务、现场服务的热点和难点问题的解决速度。 | 所长 |
| | 气温虽然有降低，年记安全要警惕。 | 加强设备巡视测温工作，做好抢修现场安全管控。 | 运检技术员 |
| 处暑 | 处暑一到要秋检，计划任务要紧跟； | 制定秋季安全大检查实施计划，认真开展"秋检"自查整改消缺和秋季工作。 | 运检技术员 |
| | 客户检修督促好，秋检现场保安全。 | 开展用电检查工作，督促、指导客户做好用电设备安全隐患整治。 | 营销管理员 |
| 白露 | 白露一过已开学，用电宣传进校园； | 开展安全用电进校园活动，普及安全用电知识。 | 安全质量员 |
| | 服务宗旨不能忘，巡视消缺要赶趟。 | 做好迎峰度夏工作总结，分析迎峰度夏期间低压电网存在问题，梳理度夏期间设备缺陷，制定消缺计划，编制设备改造方案。 | 安全质量员 |
| 秋分 | 秋分之后迎国庆，节日保电很关键； | 结合秋季检修对设备缺陷进行消缺，上报储备项目。做好"国庆节"保电工作。 | 所长 |
| | 农忙服务紧跟连，安全用电到田间。 | 做好"三秋"安全用电和电力设施保护条例宣传工作。 | 所长 |
| 寒露 | 寒露季节忙施工，安全质量不能松； | 做好设备秋季检修工作，加强检修现场和施工现场安全、质量管控。 | 运检技术员 |
| | 工程验收严把关，资料更新不能慢。 | 履行设备主人职责，参与工程竣工验收，做好质量验收、图纸资料等台账、完善供电所台账、图纸资料等基础信息资料。 | 运检技术员 |

（续表）

| 节气 | 口诀 | 重点工作 | 责任人 |
|---|---|---|---|
| 霜降 | 霜降一到天气凉，营销稽查要加强； | 强化营销现场稽查，对异常问题及时分析并整改闭环。 | 营销管理员 |
| | 堵孔封洞莫要忘，六防检查开展忙。 | 编制迎峰度冬应急预案，做好物资储备，开展安全用电检查和应急演练。 | 安全质量员 |
| 立冬 | 立冬时节天渐寒，各项工作要闭环； | 梳理年度重点工作完成情况，做好各类迎检准备工作。 | 所长 |
| | 组织检查偷窃电，不能私自乱接线。 | 开展冬季专项营销稽查以及反窃电专项活动。 | 营销管理员 |
| 小雪 | 小雪季节天气寒，取暖负荷节节攀； | 开展线路损管再提升工作杜绝跑冒滴漏，完成全年指标。 | 营销管理员 |
| | 线路台区消缺陷，迎峰度冬保安全。 | 做好迎峰度冬及春节保供电准备，开展设备特巡利消工作。 | 运检技术员 |
| 大雪 | 大雪来临到寒季，专项培训有意义； | 利用班组大讲堂形式，开展冬季安全生产培训工作。 | 安全质量员 |
| | 柔性催费不能丢，颗粒归仓抓回收。 | 完成年度电费回收工作，确保回收率百分之百。 | 营销管理员 |
| 冬至 | 冬至十天阳历年，迎峰度冬庆元旦； | 开展设备隐患排查整治，做好元旦期间优质服务工作。 | 营销管理员 |
| | 总结全年得与失，顺顺利利安全年。 | 当年工作总结，次年工作谋划。 | 所长 |

# 附　录

## 1. 安全管理类

附录 1：

### 供电所安全工器具配置参考建议（外勤人员）

根据《安规》8.1.1 的规定"低压带电作业应戴手套、护目镜，并保持对地绝缘"。

表 1　供电所必须配置的安全工器具清单

| 序号 | 类别 | 配置建议 | 参考样例 | 备注 |
|------|------|----------|----------|------|
| 1 | 绝缘手套 | 低压绝缘手套<br>每个供电服务小组不少于 2 双 | | 采用绝缘手套 500 伏<br>超薄乳胶型 |
|   |          | 喷胶线手套每位台区客户经理不少于 5 双 |  |  |
| 2 | 绝缘鞋（靴） | 绝缘鞋每位台区客户经理至少 1 双 |  | 绝缘套鞋 25kV |
|   |          | 绝缘靴每个供电服务小组不少于 2 双 |  |  |

（续表）

| 序号 | 类别 | 配置建议 | 参考样例 | 备注 |
|---|---|---|---|---|
| 3 | 辅助型绝缘垫 | 每位台区客户经理 1 块 | | 800×600 |
| 4 | 护目镜 | 每位台区客户经理 1 副 | 按标准 | |
| 5 | 验电器 | 低压验电器每位台区客户经理 1 支 | | 声光伸缩折叠式 袖珍便携式 |
| 6 | 个人保安线 | 每位台区客户经理 1 副 | 按标准 | |
| 7 | 接地线 | 每个供电所低压接地线不少于 8 组，满足实际需要 | | |
| 8 | 安全带 | 每位台区客户经理 1 副 | | 双肩式加后备 保险绳式 W－Y |
| 9 | 脚扣 | 脚扣每位台区客户经理 1 副 | | 脚扣要带防滑 |
| 10 | 安全帽 | 每位台区客户经理 1 顶蓝色安全帽 | | |

表 2 根据供电所业务范围、人数等实际情况需要，参考配置的安全工器具清单

| | | | | |
|---|---|---|---|---|
| 1 | 梯子 | 可折叠式登高凳<br>每个供电所不少于 4 个。 | | 既要便捷携带，<br>又要满足现场安全标准 |
| | | 3 米伸缩式竹人字梯<br>每个供电所不少于 4 架 | | 既要便捷携带，<br>又要满足现场安全标准 |
| 2 | 登高板 | 登高板每个供电所不少于 2 副 | | |
| 3 | 速差自控器 | 每个供电所 4 只 | | |
| 4 | 工具柜 | 每个供电所 3 面 | | |
| 5 | 安全警示带<br>（围栏网） | 每个供电所 10 套（每套带插杆 4 根） | | |
| 6 | 标示牌<br>（禁止合闸，有人工作！） | 每个供电所 10 块 | | |
| 7 | 标示牌（禁止合闸，<br>线路有人工作！） | 每个供电所 10 块 | | |
| 8 | 标示牌<br>（止步，高压危险！） | 每个供电所 10 块 | | |
| 9 | 标示牌（在此工作！） | 每个供电所 10 块 | | |

附录 2：

# 安全工器具检查与使用要求

安全工器具检查分为出厂验收检查、试验检验检查和使用前检查，使用前应检查合格证和外观。

## 一、个体防护装备

### (一)安全帽

1. 检查要求

(1)永久标识和产品说明等标识清晰完整，安全帽的帽壳、帽衬(帽箍、吸汗带、缓冲垫及衬带)、帽箍扣、下颏带等组件完好无缺失。

(2)帽壳内外表面应平整光滑，无划痕、裂缝和孔洞，无灼伤、冲击痕迹。

(3)帽衬与帽壳联接牢固，后箍、锁紧卡等开闭调节灵活，卡位牢固。

(4)使用期从产品制造完成之日起计算：植物枝条编织帽不得超过两年，塑料和纸胶帽不得超过两年半；玻璃钢(维纶钢)橡胶帽不超过三年半，超期的安全帽应抽查检验合格后方可使用，以后每年抽检一次。每批从最严酷使用场合中抽取，每项试验试样不少于 2 顶，有一顶不合格，则该批安全帽报废。

2. 使用要求

(1)任何人员进入生产、施工现场必须正确佩戴安全帽。针对不同的生产场所，根据安全帽产品说明选择适用的安全帽。

(2)安全帽戴好后，应将帽箍扣调整到合适的位置，锁紧下颚带，防止工作中前倾后仰或其他原因造成滑落。

(3)受过一次强冲击或做过试验的安全帽不能继续使用，应予以报废。

(4)高压近电报警安全帽使用前应检查其音响部分是否良好，但不得作为无电的依据。

### (二)防护眼镜

1. 检查要求

(1)防护眼镜的标识清晰完整，并位于透镜表面不影响使用功能处。

(2)防护眼镜表面光滑，无气泡、杂质，以免影响工作人员的视线。

(3)镜架平滑，不可造成擦伤或有压迫感；同时，镜片与镜架衔接要牢固。

2. 使用要求

(1)防护眼镜的选择要正确。要根据工作性质、工作场合选择相应的防护眼镜。如在装卸高压熔断器或进行气焊时，应戴防辐射防护眼镜；在室外阳光曝晒的地方工作时，应戴变色镜(防辐射线防护眼镜的一种)；在进行车、铣、刨及用砂轮磨工件时，应戴防打击防护眼镜等；在向蓄电池内注入电解液时，应戴防有害液体防护眼镜或戴防毒气封闭式无色防护眼镜。

(2)防护眼镜的宽窄和大小要恰好适合使用者的要求。如果大小不合适,防护眼镜滑落到鼻尖上,结果就起不到防护作用。

(3)防护眼镜应按出厂时标明的遮光编号或使用说明书使用。

(4)透明防护眼镜佩戴前应用干净的布擦拭镜片,以保证足够的透光度。

(5)戴好防护眼镜后应收紧防护眼镜镜腿(带),避免造成滑落。

**(三)自吸过滤式防毒面具**

1. 检查要求

(1)标识清晰完整,无破损。

(2)使用前应检查面具的完整性和气密性,面罩密合框应与佩戴者颜面密合,无明显压痛感。

2. 使用要求

(1)使用防毒面具时,空气中氧气浓度不得低于 18%,温度为(-30~45)℃,不能用于槽、罐等密闭容器环境。

(2)使用者应根据其面型尺寸选配适宜的面罩号码。

(3)使用中应注意有无泄漏和滤毒罐失效。防毒面具的过滤剂有一定的使用时间,一般为(30~100)min。过滤剂失去过滤作用(面具内有特殊气味)时,应及时更换。

**(四)安全带**

1. 检查要求

(1)商标、合格证和检验证等标识清晰完整,各部件完整无缺失、无伤残破损。

(2)腰带、围杆带、肩带、腿带等带体无灼伤、脆裂及霉变,表面不应有明显磨损及切口;围杆绳、安全绳无灼伤、脆裂、断股及霉变,各股松紧一致,绳子应无扭结;护腰带接触腰的部分应垫有柔软材料,边缘圆滑无角。

(3)织带折头连接应使用缝线,不应使用铆钉、胶粘、热合等工艺,缝线颜色与织带应有区分。

(4)金属配件表面光洁,无裂纹、无严重锈蚀和目测可见的变形,配件边缘应呈圆弧形;金属环类零件不允许使用焊接,不应留有开口。

(5)金属挂钩等连接器应有保险装置,应在两个及以上明确的动作下才能打开,且操作灵活。钩体和钩舌的咬口必须完整,两者不得偏斜。各调节装置应灵活可靠。

2. 使用要求

(1)围杆作业安全带一般使用期限为 3 年,区域限制安全带和坠落悬挂安全带使用期限为 5 年。为防止发生坠落事故,则应由专人进行检查,如有影响性能的损伤,则应立即更换。

(2)应正确选用安全带,其功能应符合现场作业要求,如需多种条件下使用,在保证安全提前下,可选用组合式安全带(区域限制安全带、围杆作业安全带、坠落悬挂安全带等的组合)。

(3)安全带穿戴好后应仔细检查连接扣或调节扣,确保各处绳扣连接牢固。

(4)2m 及以上的高处作业应使用安全带。

(5)在坝顶、陡坡、屋顶、悬崖、杆塔、吊桥以及其他危险的边沿进行工作,临空一面应装设安全网或防护栏杆,否则,作业人员应使用安全带。

(6)在没有脚手架或者在没有栏杆的脚手架上工作,高度超过 1.5m 时,应使用安全带。

(7)在电焊作业或其他有火花、熔融源等场所使用的安全带或安全绳应有隔热防磨套。

(8)安全带的挂钩或绳子应挂在结实牢固的构件或专为挂安全带用的钢丝绳上,并应采用高挂低用的方式。

(9)高处作业人员在转移作业位置时不准失去安全保护。

(10)禁止将安全带系在移动或不牢固的物件上[如隔离开关(刀闸)支持绝缘子、瓷横担、未经固定的转动横担、线路支柱绝缘子、避雷器支柱绝缘子等]。

(11)登杆前,应进行围杆带和后备绳的试拉,无异常方可继续使用。

**(五)安全绳**

1. 检查要求

(1)安全绳的产品名称、标准号、制造厂名及厂址、生产日期(年、月)及有效期、总长度、产品作业类别(围杆作业、区域限制或坠落悬挂)、产品合格标志、法律法规要求标注的其他内容等永久标识清晰完整。

(2)安全绳应光滑、干燥,无霉变、断股、磨损、灼伤、缺口等缺陷。所有部件应顺滑,无材料或制造缺陷,无尖角或锋利边缘。护套(如有)完整不应破损。

(3)织带式安全绳的织带应加锁边线,末端无散丝;纤维绳式安全绳绳头无散丝;钢丝绳式安全绳的钢丝应捻制均匀、紧密、不松散,中间无接头;链式安全绳下端环、连接环和中间环的各环间转动灵活,链条形状一致。

2. 使用要求

(1)安全绳应是整根,不应私自接长使用。

(2)在具有高温、腐蚀等场合使用的安全绳,应穿入整根具有耐高温、抗腐蚀的保护套或采用钢丝绳式安全绳。

(3)安全绳的连接应通过连接扣连接,在使用过程中不应打结。

### (六)速差自控器

1. 检查要求

(1)产品名称及标记、标准号、制造厂名、生产日期(年、月)及有效期、法律法规要求标注的其他内容等永久标识清晰完整。

(2)速差自控器的各部件完整无缺失、无伤残破损,外观应平滑,无材料和制造缺陷,无毛刺和锋利边缘。

(3)钢丝绳速差器的钢丝应均匀绞合紧密,不得有叠痕、突起、折断、压伤、锈蚀及错乱交叉的钢丝;织带速差器的织带表面、边缘、软环处应无擦破、切口或灼烧等损伤,缝合部位无崩裂现象。

(4)速差自控器的安全识别保险装置—坠落指示器(如有)应未动作。

(5)用手将速差自控器的安全绳(带)进行快速拉出,速差自控器应能有效制动并完全回收。

2. 使用要求

(1)使用时应认真查看速差自控器防护范围及悬挂要求。

(2)速差自控器应系在牢固的物体上,禁止系挂在移动或不牢固的物件上。不得系在棱角锋利处。速差自控器拴挂时严禁低挂高用。

(3)速差自控器应连接在人体前胸或后背的安全带挂点上,移动时应缓慢,禁止跳跃。

(4)禁止将速差自控器锁止后悬挂在安全绳(带)上作业。

### (七)个人保安线

1. 检查要求

(1)保安线的厂家名称或商标、产品的型号或类别、横截面积($mm^2$)、生产年份等标识清晰完整。

(2)保安线应用多股软铜线,其截面不得小于 $16mm^2$;保安线的绝缘护套材料应柔韧透明,护层厚度大于 $1mm$。护套应无孔洞、撞伤、擦伤、裂缝、龟裂等现象,导线无裸露、无松股、中间无接头、断股和发黑腐蚀。汇流夹应由 T3 或 T2 铜制成,压接后应无裂纹,与保安线连接牢固。

(3)线夹完整、无损坏,线夹与电力设备及接地体的接触面无毛刺。

(4)保安线应采用线鼻与线夹相连接,线鼻与线夹连接牢固,接触良好,无松动、腐蚀及灼伤痕迹。

2. 使用要求

(1)个人保安线仅作为预防感应电使用,不得以此代替《安规》规定的工作接地线。只有在工作接地线挂好后,方可在工作相上挂个人保安线。

(2)工作地段如有邻近、平行、交叉跨越及同杆塔架设线路,为防止停电检修线路上感应电压伤人,在需要接触或接近导线工作时,应使用个人保安线。

(3)个人保安线应在杆塔上接触或接近导线的作业开始前挂接,作业结束脱离导线后拆除。

(4)装设时,应先接接地端,后接导线端,且接触良好,连接可靠。拆个人保安线的顺序与此相反。个人保安线由作业人员负责自行装、拆。

(5)在杆塔或横担接地通道良好的条件下,个人保安线接地端允许接在杆塔或横担上。

## 二、绝缘安全工器具

### (一)电容型验电器

1. 检查要求

(1)电容型验电器的额定电压或额定电压范围、额定频率(或频率范围)、生产厂名和商标、出厂编号、生产年份、适用气候类型(D、C 和 G)、检验日期及带电作业用(双三角)符号等标识清晰完整。

(2)验电器的各部件,包括手柄、护手环、绝缘元件、限度标记(在绝缘杆上标注的一种醒目标志,向使用者指明应防止标志以下部分插入带电设备中或接触带电体)和接触电极、指示器和绝缘杆等均应无明显损伤。

(3)绝缘杆应清洁、光滑,绝缘部分应无气泡、皱纹、裂纹、划痕、硬伤、绝缘层脱落、严重的机械或电灼伤痕。伸缩型绝缘杆各节配合合理,拉伸后不应自动回缩。

(4)指示器应密封完好,表面应光滑、平整。

(5)手柄与绝缘杆、绝缘杆与指示器的连接应紧密牢固。

(6)自检三次,指示器均应有视觉和听觉信号出现。

2. 使用要求

(1)验电器的规格必须符合被操作设备的电压等级,使用验电器时,应轻拿轻放。

(2)操作前,验电器杆表面应用清洁的干布擦拭干净,使表面干燥、清洁。并在有电设备上进行试验,确认验电器良好;无法在有电设备上进行试验时可用高压发生器等确证验电器良好。如在木杆、木梯或木架上验电,不接地不能指示者,经运行值班负责人或工作负责人同意后,可在验电器绝缘杆尾部接上接地线。

(3)操作时,应戴绝缘手套,穿绝缘靴。使用抽拉式电容型验电器时,绝缘杆应完全拉开。人体应与带电设备保持足够的安全距离,操作者的手握部位不得越过护环,以保持有效的绝缘长度。

(4)非雨雪型电容型验电器不得在雷、雨、雪等恶劣天气时使用。

(5)使用操作前,应自检一次,声光报警信号应无异常。

**(二)携带型短路接地线**

1. 检查要求

(1)接地线的厂家名称或商标、产品的型号或类别、接地线横截面积(mm²)、生产年份及带电作业用(双三角)符号等标识清晰完整。

(2)接地线的多股软铜线截面不得小于 25mm²,其他要求同个人保安接地线。

(3)接地操作杆同绝缘杆的要求。

(4)线夹完整、无损坏,与操作杆连接牢固,有防止松动、滑动和转动的措施。应操作方便,安装后应有自锁功能。线夹与电力设备及接地体的接触面无毛刺,紧固力应不致损坏设备导线或固定接地点。

2. 使用要求

(1)接地线的截面应满足装设地点短路电流的要求,长度应满足工作现场需要。

(2)经验明确无电压后,应立即装设接地线并三相短路(直流线路两极接地线分别直接接地),利用铁塔接地或与杆塔接地装置电气上直接相连的横担接地时,允许每相分别接地,对于无接地引下线的杆塔,可采用临时接地体。

(3)装设接地线时,应先接接地端,后接导线端,接地线应接触良好、连接应可靠,拆接地线的顺序与此相反,人体不准碰触未接地的导线。

(4)装、拆接地线均应使用满足安全长度要求的绝缘棒或专用的绝缘绳。

(5)禁止使用其他导线作接地线或短路线,禁止用缠绕的方法进行接地或短路。

(6)设备检修时模拟盘上所挂接地线的数量、位置和接地线编号,应与工作票和操作票所列内容一致,与现场所装设的接地线一致。

**(三)绝缘杆**

1. 检查要求

(1)绝缘杆的型号规格、制造厂名、制造日期、电压等级及带电作业用(双三角)符号等标识清晰完整。

(2)绝缘杆的接头不管是固定式的还是拆卸式的,连接都应紧密牢固,无松动、锈蚀和断裂等现象。

(3)绝缘杆应光滑,绝缘部分应无气泡、皱纹、裂纹、绝缘层脱落、严重的机械或电灼伤痕,玻璃纤维布与树脂间黏结完好不得开胶。

(4)握手的手持部分护套与操作杆连接紧密、无破损,不产生相对滑动或转动。

2. 使用要求

(1)绝缘操作杆的规格必须符合被操作设备的电压等级,切不可任意取用。

(2)操作前,绝缘操作杆表面应用清洁的干布擦拭干净,使表面干燥、清洁。

(3)操作时,人体应与带电设备保持足够的安全距离,操作者的手握部位不得越过护环,以保持有效的绝缘长度,并注意防止绝缘操作杆被人体或设备短接。

(4)为防止因受潮而产生较大的泄漏电流,危及操作人员的安全,在使用绝缘操作杆拉合隔离开关或经传动机构拉合隔离开关和断路器时,均应戴绝缘手套。

(5)雨天在户外操作电气设备时,绝缘操作杆的绝缘部分应有防雨罩,罩的上口应与绝缘部分紧密结合,无渗漏现象,以便阻断流下的雨水,使其不致形成连续的水流柱而大大降低湿闪电压。另外,雨天使用绝缘杆操作室外高压设备时,还应穿绝缘靴。

### (四)辅助型绝缘手套

1. 检查要求

(1)辅助型绝缘手套的电压等级、制造厂名、制造年月等标识清晰完整。

(2)手套应质地柔软良好,内外表面均应平滑、完好无损,无划痕、裂缝、折缝和孔洞。

(3)用卷曲法或充气法检查手套有无漏气现象。

2. 使用要求

(1)辅助型绝缘手套应根据使用电压的高低、不同防护条件来选择。

(2)作业时,应将上衣袖口套入绝缘手套筒口内。

(3)按照《安规》有关要求进行设备验电、倒闸操作、装拆接地线等工作时应戴绝缘手套。

### (五)辅助型绝缘靴(鞋)

1. 检查要求

(1)辅助型绝缘靴(鞋)的鞋帮或鞋底上的鞋号、生产年月、标准号、电绝缘字样(或英文 EH)、闪电标记、耐电压数值、制造商名称、产品名称、电绝缘性能出厂检验合格印章等标识清晰完整。

(2)绝缘靴(鞋)应无破损,宜采用平跟,鞋底应有防滑花纹,鞋底(跟)磨损不超过 1/2。鞋底不应出现防滑齿磨平、外底磨露出绝缘层等现象。

2. 使用要求

(1)辅助型绝缘鞋应根据使用电压的高低、不同防护条件来选择。

(2)穿用电绝缘皮鞋和电绝缘布面胶鞋时,其工作环境应能保持鞋面干燥。在各类高压电气设备上工作时,使用电绝缘鞋,可配合基本安全用具(如绝缘棒、绝缘夹钳)触及带电部分,并要防护跨步电压所引起的电击伤害。在潮湿、有蒸汽、冷凝液体、导电灰尘或易发生危险的场所,尤其应注意配备合适的电绝缘鞋,应按标准规定的使用范围正确使用。

(3)使用绝缘靴时,应将裤管套入靴筒内。

(4)穿用电绝缘鞋应避免接触锐器、高温、腐蚀性和酸碱油类物质,防止鞋受到损伤而影响电绝缘性能。防穿刺型、耐油型及防砸型绝缘鞋除外。

### (六)辅助型绝缘胶垫

1. 检查要求

(1)辅助型绝缘胶垫的等级和制造厂名等标识清晰完整。

(2)上下表面应不存在有害的不规则性。有害的不规则性是指下列特征之一,即破坏均匀性、损坏表面光滑轮廓的缺陷,如小孔、裂缝、局部隆起、切口、夹杂导电异物、折缝、空隙、凹凸波纹及铸造标志等。

2. 使用要求

(1)辅助型绝缘胶垫应根据使用电压的高低等条件来选择。

(2)操作时,绝缘胶垫应避免不必要地暴露在高温、阳光下,也要尽量避免和机油、油脂、变压器油、工业乙醇以及强酸接触,应避免尖锐物体刺、划。

## 三、登高工器具

### (一)脚扣

1. 检查要求

(1)标识清晰完整,金属母材及焊缝无任何裂纹和目测可见的变形,表面光洁,边缘呈圆弧形。

(2)围杆钩在扣体内滑动灵活、可靠、无卡阻现象;保险装置可靠,防止围杆钩在扣体内脱落。

(3)小爪连接牢固,活动灵活。

(4)橡胶防滑块与小爪钢板、围杆钩连接牢固,覆盖完整,无破损。

(5)脚带完好,止脱扣良好,无霉变、裂缝或严重变形。

2. 使用要求

(1)登杆前,应在杆根处进行一次冲击试验,无异常方可继续使用。

(2)应将脚扣脚带系牢,登杆过程中应根据杆径粗细随时调整脚扣尺寸。

(3)特殊天气使用脚扣时,应采取防滑措施。

(4)严禁从高处往下扔摔脚扣。

### (二)升降板(登高板)

1. 检查要求

(1)标识清晰完整,钩子不得有裂纹、变形和严重锈蚀,心形环完整、下部有插花,绳索无断股、霉变或严重磨损。

(2)踏板窄面上不应有节子,踏板宽面上节子的直径不应大于 6mm,干燥细裂纹长不应大于 150mm,深不应大于 10mm。踏板无严重磨损,有防滑花纹。

(3)绳扣接头每绳股连续插花应不少于 4 道,绳扣与踏板间应套接紧密。

2. 使用要求

(1)登杆前在杆根处对升降板(登高板)进行冲击试验,判断升降板(登高板)是否有变形和损伤。

(2)升降板(登高板)的挂钩沟口应朝上,严禁反向。

### (三)梯子

1. 检查要求

(1)型号或名称及额定载荷、梯子长度、最高站立平面高度、制造者或销售者名称(或标识)、制造年月、执行标准及基本危险警示标志(复合材料梯的电压等级)应清晰明显。

(2)踏棍(板)与梯梁连接牢固,整梯无松散,各部件无变形,梯脚防滑良好,梯子竖立后平稳,无目测可见的侧向倾斜。

(3)升降梯升降灵活,锁紧装置可靠。铝合金折梯铰链牢固,开闭灵活,无松动。

(4)折梯限制开度装置完整牢固。延伸式梯子操作用绳无断股、打结等现象,升降灵活,锁位准确可靠。

(5)竹木梯无虫蛀、腐蚀等现象。木梯梯梁的窄面不应有节子,宽面上允许有实心的或不透的、直径小于 13mm 的节子,节子外缘距梯梁边缘应大于 13mm,两相邻节子外缘距离不应小于 0.9m。踏板窄面上不应有节子,踏板宽面上节子的直径不应大于 6mm,踏棍上不应有直径大于 3mm 的节子。干燥细裂纹长不应大于 150mm,深不应大于 10mm。梯梁和踏棍(板)连接的受剪切面及其附近不应有裂缝,其他部位的裂缝长不应大于 50mm。

2. 使用要求

(1)梯子应能承受作业人员及所携带的工具、材料攀登时的总重量。

(2)梯子不得接长或垫高使用。如需接长时,应用铁卡子或绳索切实卡住或绑牢并加设支撑。

(3)梯子应放置稳固,梯脚要有防滑装置。使用前,应先进行试登,确认可靠后方可使用。有人员在梯子上工作时,梯子应有人扶持和监护。

(4)梯子与地面的夹角应为 60°左右,工作人员必须在距梯顶 1m 以下的梯蹬上工作。

(5)人字梯应具有坚固的铰链和限制开度的拉链。

（6）靠在管子上、导线上使用梯子时，其上端需用挂钩挂住或用绳索绑牢。

（7）在通道上使用梯子时，应设监护人或设置临时围栏。梯子不准放在门前使用，必要时采取防止门突然开启的措施。

（8）严禁人在梯子上时移动梯子，严禁上下抛递工具、材料。

（9）在变电站高压设备区或高压室内应使用绝缘材料的梯子，禁止使用金属梯子。搬动梯时，应放倒两人搬运，并与带电部分保持安全距离。

### （四）软梯

1. 检查要求

（1）标志清晰，每股绝缘绳索及每股线均应紧密绞合，不得有松散、分股的现象。

（2）绳索各股及各股中丝线均不应有叠痕、凸起、压伤、背股、抽筋等缺陷，不得有错乱、交叉的丝、线、股。

（3）接头应单根丝线连接，不允许有股接头。单丝接头应封闭于绳股内部，不得露在外面。

（4）股绳和股线的捻距及纬线在其全长上应均匀。

（5）经防潮处理后的绝缘绳索表面应无油渍、污迹、脱皮等。

2. 使用要求

（1）使用软梯进行移动作业时，软梯上只准一人工作。工作人员到达梯头上进行工作和梯头开始移动前，应将梯头的封口可靠封闭，否则应使用保护绳防止梯头脱钩。

（2）在连续档距的导、地线上挂软梯时，其导、地线的截面不得小于：钢芯铝绞线和铝合金绞线 $120mm^2$；钢绞线 $50mm^2$（等同 OPGW 光缆和配套的 LGJ－70/40 型导线）。

（3）在瓷横担线路上禁止挂梯作业，在转动横担的线路上挂梯前应将横担固定。

附录3：

# 安全工器具保管及存放要求

## 1. 橡胶塑料类安全工器具

　　橡胶塑料类安全工器具应存放在干燥、通风、避光的环境下,存放时离开地面和墙壁 20cm 以上,离开发热源 1m 以上,避免阳光、灯光或其他光源直射,避免雨雪浸淋,防止挤压、折叠和尖锐物体碰撞,严禁与油、酸、碱或其他腐蚀性物品存放在一起。

　　(1)防护眼镜保管于干净、不易碰撞的地方。

　　(2)防毒面具应存放在干燥、通风,无酸、碱、溶剂等物质的库房内,严禁重压。防毒面具的滤毒罐(盒)的贮存期为 5 年(3 年),过期产品应经检验合格后方可使用。

　　(3)空气呼吸器在贮存时应装入包装箱内,避免长时间曝晒,不能与油、酸、碱或其他有害物质共同贮存,严禁重压。

　　(4)防电弧服贮存前必须洗净、晾干。不得与有腐蚀性物品放在一起,存放处应干燥通风,避免长时间接触地气受潮。防止紫外线长时间照射。长时间保存时,应注意定期晾晒,以免霉变、虫蛀以及滋生细菌。

　　(5)橡胶和塑料制成的耐酸服存放时应注意避免接触高温,用后清洗晾干,避免暴晒,长期保存应撒上滑石粉以防粘连。合成纤维类耐酸服不宜用热水洗涤、熨烫,避免接触明火。

　　(6)绝缘手套使用后应擦净、晾干,保持干燥、清洁,最好洒上滑石粉以防粘连。绝缘手套应存放在干燥、阴凉的专用柜内,与其他工具分开放置,其上不得堆压任何物件,以免刺破手套。绝缘手套不允许放在过冷、过热、阳光直射和有酸、碱、药品的地方,以防胶质老化,降低绝缘性能。

　　(7)橡胶、塑料类等耐酸手套使用后应将表面酸碱液体或污物用清水冲洗、晾干,不得暴晒及烘烤。长期不用可撒涂少量滑石粉,以免发生粘连。

　　(8)绝缘靴(鞋)应放在干燥通风的仓库中,防止霉变。贮存期限一般为 24 个月(自生产日期起计算),超过 24 个月的产品须逐只进行电性能预防性试验,只有符合标准规定的鞋,方可以电绝缘鞋销售或使用。电绝缘胶靴不允许放在过冷、过热、阳光直射和有酸、碱、油品、化学药品的地方。应存放在干燥、阴凉的专用柜内或支架上。

　　(9)耐酸靴穿用后,应立即用水冲洗,存放阴凉处,撒滑石粉,以防粘连,应避免接触油类、有机溶剂和锐利物。

　　(10)当绝缘垫(毯)脏污时,可在不超过制造厂家推荐的水温下对其用肥皂进行清洗,再用滑石粉让其干燥。如果绝缘垫粘上了焦油和油漆,应该马上用适当的溶剂对受污染的地方进行擦拭,应避免溶剂使用过量。汽油、石蜡和纯酒精可用来清洗焦油和油漆。绝缘垫(毯)贮存在专用箱内,对潮湿的绝缘垫(毯)应进行干燥处理,但干燥处理的温度不能超过65℃。

(11)防静电鞋和导电鞋应保持清洁。如表面污染尘土、附着油蜡、粘贴绝缘物或因老化形成绝缘层后,对电阻影响很大。刷洗时要用软毛刷、软布蘸酒精或不含酸、碱的中性洗涤剂。

(12)绝缘遮蔽罩使用后应擦拭干净,装入包装袋内,放置于清洁、干燥通风的架子或专用柜内,上面不得堆压任何物件。

## 2. 环氧树脂类安全工器具

环氧树脂类安全工器具应置于通风良好、清洁干燥、避免阳光直晒和无腐蚀、有害物质的场所保存。

(1)绝缘杆应架在支架上或悬挂起来,且不得贴墙放置。

(2)绝缘隔板应统一编号,存放在室内干燥通风、离地面200mm以上专用的工具架上或柜内。如果表面有轻度擦伤,应涂绝缘漆处理。

(3)接地线不用时将软铜线盘好,存放在干燥室内,宜存放在专用架上,架上的号码与接地线的号码应一致。

(4)核相器应存放在干燥通风的专用支架上或者专用包装盒内。

(5)验电器使用后应存放在防潮盒或绝缘安全工器具存放柜内,置于通风干燥处。

(6)绝缘夹钳应保存在专用的箱子或匣子里以防受潮和磨损。

## 3. 纤维类安全工器具

纤维类安全工器具应放在干燥、通风、避免阳光直晒、无腐蚀及有害物质的位置,并与热源保持1m以上的距离。

(1)安全带不使用时,应由专人保管。存放时,不应接触高温、明火、强酸、强碱或尖锐物体,不应存放在潮湿的地方。储存时,应对安全带定期进行外观检查,发现异常必须立即更换,检查频次应根据安全带的使用频率确定。

(2)安全绳每次使用后应检查,并定期清洗。

(3)安全网不使用时,应由专人保管,储存在通风、避免阳光直射、干燥环境中,不应在热源附近储存,避免接触腐蚀性物质或化学品,如酸、染色剂、有机溶剂、汽油等。

(4)合成纤维带速差式防坠器,如果纤维带浸过泥水、油污等,应使用清水(勿用化学洗涤剂)和软刷对纤维带进行刷洗,清洗后放在阴凉处自然干燥,并存放在干燥少尘环境下。

(5)静电防护服装应保持清洁,保持防静电性能,使用后用软毛刷、软布蘸中性洗涤剂刷洗,不可损伤服料纤维。

（6）屏蔽服装应避免熨烫和过渡折叠,应包装在一个里面衬有丝绸布的塑料袋里,避免导电织物的导电材料在空气中氧化。整箱包装时,避免屏蔽服装受重压。

## 4. 其他类安全工器具

（1）钢绳索速差式防坠器,如钢丝绳浸过泥水等,应使用涂有少量机油的棉布对钢丝绳进行擦洗,以防锈蚀。

（2）安全围栏(网)应保持完整、清洁无污垢,成捆整齐存放。

（3）标识牌、警告牌等,应外观醒目,无弯折、无锈蚀,摆放整齐。

附录4:

# 380V 裸导线、架空绝缘电线对地面、建筑物、树木的最小垂直、水平距离的要求

| 导线类别 | 对地面、建筑物、树木的最小垂直、水平距离(m) | |
|---|---|---|
| 裸导线 | 集镇、村庄(垂直) | 6 |
| | 田间(垂直) | 5 |
| | 交通困难的地区(垂直) | 4 |
| | 步行不可到达的山坡(垂直) | 3 |
| | 步行不可能到达的山坡、峭壁和岩石(垂直) | 1 |
| | 通航河流的常年高水位(垂直) | 6 |
| | 通航河流最好航水位的最高船顶(垂直) | 1 |
| | 不能通航的河湖冰面(垂直) | 5 |
| | 不能通航的河湖最高洪水位(垂直) | 3 |
| | 建筑物(垂直) | 2.5 |
| | 建筑物(水平) | 1 |
| | 树木(垂直和水平) | 1.25 |
| 架空绝缘电线 | 集镇、村庄居住区(垂直) | 6 |
| | 非居住区(垂直) | 5 |
| | 不能通航的河湖冰面(垂直) | 5 |
| | 不能通航的河湖最高洪水位(垂直) | 3 |
| | 建筑物(垂直) | 2 |
| | 建筑物(水平) | 0.25 |
| | 树木(垂直) | 0.2 |
| | 树木(水平) | 0.5 |

# 2. 营销管理类

**附录 1：用电业务办理告知书(居民生活)**

## 用电业务办理告知书(居民生活)

**尊敬的电力客户：**

　　欢迎您到国网♯♯供电公司办理用电业务！为了方便您办理业务,请您仔细阅读以下内容。

**一、业务办理流程**

**二、业务办理说明**

| ① 用电申请、交费并签订合同 |
|---|
| 　　在受理您用电申请时,请您与我们签订供用电合同,并按照当地政府物价部门价格标准交清相关费用。您需提供的申请材料包括：<br>　　用电人身份证或户口本等有效身份证明；<br>　　用电人房产证或购房合同等房屋产权证明。<br>　　若您受用电人委托办理业务,还需提供您的有效身份证明。 |
| ② 装表接电 |
| 　　在受理您用电申请后,我们将安排客户经理在下一个工作日或与您约定的时间进行现场勘查,并在 3 个工作日内装表接电。<br>　　如您的用电涉及工程施工,我们将在 5 个工作日内完成装表接电。根据国家《供电营业规则》规定,产权分界点以下部分由您负责施工,产权分界点以上工程由我们负责,产权分界点我们将与您在合同中约定。 |

　　请您对我们的服务进行监督,如有建议或意见,请及时拨打 95598 服务热线或登录手机APP,我们将竭诚为您服务！

## 附录 2:用电业务办理告知书(低压非居民)

# 用电业务办理告知书(低压非居民)

**尊敬的电力客户:**

欢迎您到国网♯♯供电公司办理用电业务!为了方便您办理业务,请您仔细阅读以下内容。

## 一、业务办理流程

①用电申请 ➡ ②确定方案 ➡ ③工程实施 ➡ ④装表接电

## 二、业务办理说明

**用电申请**

您需提供的申请资料:

用电人有效身份证明(如营业执照等);

法定代表人(负责人)身份证或户口本等有效身份证明;

房屋或土地合法使用证明。

若您受用电人委托办理业务,还需提供您的有效身份证明和委托书。

**确定方案**

在受理您用电申请后,我们将在下一个工作日或按照与您约定的时间至现场查看供电条件,并答复您供电方案。

**工程实施**

如果您的用电涉及工程施工,根据国家规定,产权分界点以下部分由您负责施工,产权分界点以上工程由供电企业负责。产权分界点一般设在"供电接户线用户端最后支持物",我们将与您在合同中约定。

请您自主选择您产权范围内工程的设计、施工单位(具备相应资质),在设计完成后,请及时提交设计文件资料,我们将在 1 个工作日内完成设计审查;工程竣工后,请及时报验,我们将在 1 个工作日内完成竣工检验。

**装表接电**

在竣工检验合格,签订《供用电合同》及相关协议,并请您按照当地政府物价部门价格标准结清相关费用后,我们将在 1 个工作日内为您装表供电。

**您需注意的事项:**

在用电业务办理过程中,如果您需要了解业务办理进度,可以直接到营业厅、登录手机 APP 或拨打 95598 服务热线进行查询。

请您对我们的服务进行监督,如有建议或意见,请及时拨打 95598 服务热线或登录手机 APP,我们将竭诚为您服务!

附录3：

# 充换电设施用电申请需提供资料清单

√必须存档；△视情况存档；※:可在设计审查环节提供

| 序号 | 资料名称 | 居民 | 低压非居 | 高压 |
|---|---|---|---|---|
| 1 | 用电申请表 | √ | √ | √ |
| 2 | 身份证原件及复印件 | √ | √ | √ |
| 3 | 营业执照原件及复印件 | | △ | √ |
| 4 | 固定车位产权证明或产权单位许可证明 | | √ | √ |
| 5 | 客户停车位(库)的平面图 | | √ | √ |
| 6 | 物业部门出具允许施工的书面说明 | √ | √ | √ |
| 7 | 政府职能部门有关项目立项的批复文件 | | △ | ※｜√ |
| 8 | 主要充电设备符合国家和行业标准的证明材料 | | | △ |
| 9 | 其他需提供的资料 | | | △ |

# 3. 所务管理类

**附录1:**

# "全能型"乡镇供电所岗位职责与工作标准

## 第一部分　乡镇供电所机构设置

### 1. 乡镇供电所机构设置

　　乡镇供电所作为地市公司、县公司的派出机构,核心岗位设供电所所长、安全质量员、运检技术员、营销管理员(简称"一长三员")。下设内勤类班组(综合业务班)和外勤类班组(客户服务班),分别负责所内综合业务管理和营配业务现场工作。供电所优化调整后,如原供电所驻地设班组建制的供电服务站的,按照外勤类班组(客户服务班)管理。

　　供电所班组典型岗位设置如下:综合业务班设置班长、综合柜员。客户服务班设置班长、台区客户经理;由若干位管辖区域相邻的台区客户经理组成网格化服务小组,设置组长。综合柜员、台区客户经理应设为复合型岗位。供电所可根据实际工作需要,在班内配置兼职的核算、仓库保管、业务监控、档案和后勤管理等岗位。

　　机构岗位设置图如下:

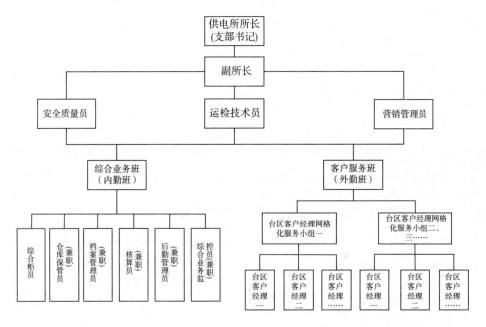

## 2. 乡镇供电所主要职责

负责辖区内配售电市场开拓，参与市场竞争。

负责辖区内地方政府、园区企业对接，实施"一口对外"供电服务。

负责辖区内 10 千伏及以下客户营销服务业务。

负责辖区内 0.4 千伏配电网运维检修、故障抢修等运检业务，承担配网设备主人的责任。

负责配合上级做好电网建设属地政策处理。

## 3. 乡镇供电所综合业务班职责

负责乡镇供电所综合管理、所务管理等综合性工作。

负责供电营业厅日常管理。

负责低压业扩报装及新型业务的受理、传递、方案审核、答复、业务收费、合同签订、资料归档和业务回访。

负责高压业扩报装的受理、传递、答复和业务收费。

负责低压客户档案管理以及高压客户资料的收集和上交。

负责电表数据采集以及电量电费报表统计上报。

负责电费收取、资金交存、收费对账及代收费管理。

负责电费差错的查核、申报。

负责电费发票的领用、发放、回收和上缴。

负责采集系统的营销类数据监控，传递采集失败、计量异常和用电异常等信息。

负责开展电能替代、智能缴费等新型业务宣传推广工作。

负责三库（表库、备品备件库、工器具库）管理。

负责备品备件的申领、保管、发放及废旧物资的回收和上缴。

负责供电所综合业务监控和抢修值班工作。

负责供电所后勤保障工作。

配合开展高压业扩报装工作和查核处理客户投诉。

## 4. 乡镇供电所客户服务班职责

负责所辖低压配网设备检修消缺、故障抢修、工程验收和 JP 柜的运维、检修等工作。

负责计量装置和采集设备的日常巡视、故障申报、装拆及异常查核处理。

负责低压电网新建、改造项目的需求申报以及工程的民事协调。

负责低压配网设备台账、图纸、资料以及本班组运维、检修报告和记录管理。

负责安全用电管理和电力设施保护及属地护线工作。

负责公变、专变及低压客户的核(补)抄表、催收和欠费停复电工作。

负责低压业扩报装的现场勘查、方案制订、中间检查、竣工验收。

负责用电检查和反窃电工作。

负责低压线损管理。

配合查核处理客户投诉。

配合电压、负荷、功率因数等日常和异常的查核处理。

## 第二部分 乡镇供电所主要岗位职责及工作标准

### 1. 乡镇供电所主要岗位设置

| 序号 | 岗位名称 | 设置方式 |
|------|----------|----------|
| 1 | 乡镇供电所所长 | 专职 |
| 2 | 支部书记 | 可兼职 |
| 3 | 副所长 | 专职(视情况设置) |
| 4 | 安全质量员 | 专职 |
| 5 | 运检技术员 | 专职 |
| 6 | 营销管理员 | 专职 |
| 7 | 综合业务班班长 | 可兼职 |
| 8 | 综合柜员 | 专职 |
| 9 | 仓库保管员 | 可兼职 |
| 10 | 档案管理员 | 可兼职 |
| 11 | 核算员 | 可兼职 |
| 12 | 后勤管理员 | 可兼职 |
| 13 | 综合业务监控员 | 可兼职 |
| 14 | 客户服务班班长 | 可兼职 |
| 15 | 台区客户经理网格化服务小组长 | 可兼职 |
| 16 | 台区客户经理 | 专职 |

备注:

1. 供电所定员 30 人及以下的,负责人职数不超过 2 人;定员 30 人以上的,负责人职数不超过 3 人。

2. 党员数量符合规定的供电所,应根据党章以及公司相关文件要求,建立党组织,并配置专(兼)职党支部书记。

### 2. 乡镇供电所所长岗位职责及工作标准

#### 2.1　岗位职责

1)贯彻执行国家有关电力方针、政策、法律、法规和上级公司、主管部门制定的各项规章制度。

2)负责带领全所职工完成上级下达的安全生产、经营管理和党风廉政目标。

3)负责制定本所年、季、月的工作计划,并组织实施。

4)负责本所人员的工作安排。

5)负责对外联络和协调工作。

6)严格执行上级有关财务和资金管理制度,遵守财经纪律。

7)牵头做好电费抄收、业扩报装、用电检查和电力市场开拓等工作。

8)牵头落实各级安全生产责任制,制定和落实防范事故措施,并组织开展安全检查。

9)牵头做好低压供电设施的巡视、消缺和故障抢修工作。

10)牵头做好供电优质服务工作,并组织开展投诉的查核和处理。

11)牵头召开安全生产和营销分析会议。

12)牵头制定本所的绩效考核办法,并组织定期开展考核。

13)牵头对全所人员的技术业务、安全知识等培训工作。

14)负责开展电能替代、电动汽车充换电设施建设与服务、光伏发电等分布式电源及微电网的运维及代维等新型业务推广工作。

15)组织完成上级交办的其他任务。

#### 2.2　工作标准

1)根据公司年度重点工作目标,制定本所目标与计划管理工作。

2)根据公司年度工作计划安排,组织制定本所年、月、周工作计划,切实完成上级下达的各项任务和考核指标。

3)按照员工绩效管理制度要求,每年初组织签订年度绩效合同,制订、分解本所各岗位的绩效目标、指标。

4)根据公司年度安全生产目标要求,组织签订班组年度安全生产责任书,全力完成年度安全生产目标,确保不发生各类事故和工作差错。

5)在上级单位的指导下,完成企业下达的年度绩效任务和上级主管部门下达的考核指标,按要求进行分解落实,组织检查、监督和考核。

6)定期召开乡镇供电所会议,传达企业相关精神和上级主管部门各项指示,总结和通报部门工作完成情况,根据乡镇供电所工作计划,部署落实相关工作。

7)落实乡镇供电所资料管理、信息化管理,实现动态管理,提高班组信息化应用水平。

8)落实乡镇供电所文明管理,实行班组定置管理,规范员工行为。

9)按照工作计划和任务完成情况,对员工年度、月度绩效进行考评。

10)落实乡镇供电所优质服务和行风建设工作,每年召开行风监督员会议。

11)制定年度培训计划、开展岗位练兵等活动,提供员工职业生涯发展平台。

12)建立健全安全生产责任制,逐级签订安全责任书(承诺书),严格落实安全生产管理规定。

13)定期开展安全分析会、安全日活动、安全培训、安全检查,分析存在问题,落实整改措施。

14)开展班组安全性评价、作业安全风险辨识和防范,执行标准化作业,确保安全得到有效控制。

15)建立健全反违章工作机制,开展创建无违章班组活动。

16)完善应急管理体系,开展应急演练活动,组织做好应急抢修值班和应急处理工作。

17)做好部门的交通、消防、治安保卫、信息安全工作。

### 3. 支部书记岗位职责及工作标准

#### 3.1 岗位职责

1)负责主持党支部的日常工作。

2)负责本支部党政领导班子的建设。

3)负责本支部党的思想、组织、作风建设。

4)负责本支部的思想政治工作和精神文明建设。

5)负责协调好党、政、工、团之间的关系。

6)对支部职责范围内的工作质量、标准、效果负责。

#### 3.2 工作标准

1)负责召集支部委员会、党员大会,组织传达贯彻党的路线、方针、政策和国家法律、法规及上级党组织、行政的决定、指示和工作部署,结合本单位具体情况,研究安排支部工作,将支部工作的重大问题及时提交支部会和支部大会讨论决定。

2)督促检查支部工作决议、计划的落实情况,并解决在贯彻执行中出现的各种问题。按时向支委会、支部党员大会和上级党组织报告工作。

3)负责抓好支部委员会的自身建设。按时组织党员学习,按期组织支部民主生活会。带头执行民主集中制和党的纪律,做好支部成员的团结、协调工作。

4)经常深入员工群众,及时了解和掌握员工的思想动态及存在的问题,运用多种形式,讲究工作方法和艺术,做好员工的思想政治工作。及时解决员工生活工作中的各种实际困难,全心全意为员工办实事。

5)加强对工团组织的领导,配合行政开展生产经营活动,确保中心工作的圆满完成。

6)加强职工队伍建设,不断提高政工队伍的素质。

7)协调党政工青关系,使本单位形成一个思想统一、上下一致、政令畅通、齐抓共管的良好局面。

## 4. 副所长岗位职责及工作标准

### 4.1 岗位职责

1)贯彻执行国家和上级颁发的有关法律法规、政策、标准和公司相关规定。

2)组织完成分管工作的各项工作任务和考核指标。

3)组织指导和考核分管班组工作任务和绩效指标完成情况。

4)协助所长做好乡镇供电所班组建设工作。

5)完成所长交办的其他工作。

### 4.2 工作标准

1)协助所长组织开展目标与计划管理工作。

2)协助所长组织制定本所年、月、周工作计划,切实完成上级下达的各项任务和考核指标。

3)协助所长组织召开乡镇供电所会议,传达企业相关精神和上级主管部门各项指示,总结和通报部门工作完成情况,根据乡镇供电所工作计划,部署落实相关工作。

4)协助所长落实乡镇供电所资料管理、信息化管理,实现动态管理,提高班组信息化应用水平。

5)协助所长落实乡镇供电所文明管理,实行班组定置管理,规范员工行为。

6)协助所长按照工作计划和任务完成情况,对员工年度、月度绩效进行考评。

7)协助所长组织落实乡镇供电所优质服务和行风建设工作,每年召开行风监督员会议。

8)协助所长组织制定年度培训计划、开展岗位练兵等活动,提供员工职业生涯发展平台。

9)协助所长组织做好部门的交通、消防、治安保卫、信息安全工作。

10)协助所长开展电能替代、电动汽车充换电设施建设与服务、光伏发电等分布式电源及微电网的运维及代维等新型业务推广工作。

11)协助所长开展综合业务监控平台建设、运行和使用工作。

12)组织完成所长交办的其他任务。

### 5. 安全质量员岗位职责及工作标准

#### 5.1 岗位职责

1)负责贯彻执行国家有关安全生产方针、政策、法律法规和上级公司、主管部门制订的有关安全、质量等规程、标准和制度。

2)负责提出本所安全工作计划和目标,监督本所各岗位安全责任制的落实,监督各项安全生产规章制度、安全措施、反事故措施的落实。

3)负责组织召开安全工作例会,组织开展安全活动。

4)负责组织本所范围内现场施工安全管理,检查现场安全工作开展情况,对违章行为及时制止和处罚。

5)负责本所安全工器具的管理,检查督促人员正确使用劳动保护用品及安全工器具,并组织对其进行定期检查和试验。

6)负责组织开展电力设施的保护工作。

7)负责组织开展安全用电宣传和安全用电检查。

8)负责交通安全、信息安全、消防安全等监督检查。

9)负责本所人员安全教育和培训工作。

10)负责设备质量指标的监控、统计和分析。

11)负责本所"两票"的检查、统计、分析和上报工作。

12)完成领导交办的其他工作任务。

#### 5.2 工作标准

1)协助所长组织开展安全活动,每周开展一次安全活动,抽查供电所的安全活动记录,指出存在的问题、填写评价意见和履行签字。

2)每月进行一次安全分析,做好安全监督分析和总结工作。定期参加公司安质部组织的安全工作。

3)负责制定季度事故预想方案和分析。

4)组织安全法规、规程、文件、通知和事故通报的学习及新来人员、临时用工、农电工的安全教育和考试。

5)每月定期检查两票的执行情况,并作出月度分析,统计两票执行情况,保证两票合格率达到100%。

6)根据公司各级人员安全生产到位标准对本所生产现场进行监督,查禁违章,并认真做好现场安全监督记录。

7)对违章作业,安全措施和防护装置的状况,设备事故性缺陷和隐患及相关技术状况等进行检查并提出处理意见,监督现场规程制度的执行情况。

8)对设备事故、障碍情况,按照《事故调查规程》,参加事故调查,并监督督促运检技术将调查情况按时上报有关单位。

9)对人身安全事故情况,按照《事故调查规程》,参加事故调查,并及时将事故情况按时上报有关单位。

10)做好安全分析和安全性评价工作,找出本所安全工作中的薄弱环节,编制反措、技措工作计划、并组织实施。

11)每月检查一、二级剩余电流动作保护器运行记录,抽查运行情况,统计安装率、投运率、正确动作率。

12)监督安全工器具的管理使用情况,按规定组织供电所和客户进行安全工器具的定期试验。

13)监督供电所做好电力客户安全用电生产管理工作。

14)定期提出各岗位履行安全职责情况的考核意见报送供电所所长。

15)根据公司安质部要求认真做好或监督做好各类总结、报表、分析材料的准确、及时、完整、规范的上报工作。

16)完成可靠性管理相关系统的运行维护和数据统计分析工作。

17)统计分析发生的各类质量事件。

18)做好安全隐患排查治理工作,做好安监一体化平台中安全隐患台账的维护工作。

## 6. 运检技术员岗位职责及工作标准

### 6.1　岗位职责

1)负责组织贯彻执行上级公司、主管部门制定的相关规程、标准和制度。

2)负责组织完成上级主管部门下达的运检类指标。

3)负责组织开展低压供电设施的日常巡视检查工作。

4)负责编制低压供电设施检修计划并组织实施。

5)负责组织开展低压供电设施故障的抢修工作。

6)负责计划停电申报和计划停电通知拟订。

7)负责对检修工艺质量进行检查,并督促问题整改。

8)负责组织开展低压设备的评级工作。

9)负责组织建立并动态更新低压设备台账和图纸资料。

10)负责各种运检信息化系统的深化应用。

11)负责组织备品备件管理。

12)负责组织低压新建、改造工程的项目申报,参与中间检查和竣工验收。

13)负责组织开展运检优质服务工作,查核运检类投诉。

14)负责对本所员工进行运检技术指导和培训工作。

15）负责运检指标的监控、统计和分析。

16）负责制订运检工作考核办法，并组织考核。

17）负责组织对电动汽车充换电桩、光伏发电等运维管理。

18）完成领导交办的其他工作任务。

## 6.2 工作标准

1）落实和检查电力生产的方针、政策、法律法规和电力行业有关生产的技术规程、标准和制度的执行情况。

2）按规定及时编报生产工作计划、设备停电检修计划、设备大修和更新改造计划，并负责组织实施。

3）督促专业组按照巡视周期对本辖区内的宫殿设备进行定期巡视检查，不定期组织相关人员进行监督性巡查，及时了解线路及设备运行状况，并检查、知道巡视人员的工作。针对存在的设备缺陷，制定消缺计划，并协助所长组织实施。

4）组织专业组做好供电设备的测量检查，包括配变的接地电阻、线路对地距离、交叉跨越距离的测量，并认真做好记录。根据设备运行状况和预试工作，并做好记录。

5）按照上级下发的设备评级标准每年组织对低压电力设备评级工作，配合上级部门做好高压电力设备的评级工作，发现三类设备要及时组织消缺或上报升级计划。

6）负责组织本所生产技术工作的考核管理。

7）每月组织对备品备件的管理进行检查，每年根据设备状况和检修计划，制定备品备件的计划，并进行择优选购。

8）做好电压质量检测、统计、分析和上报工作，制定无功管理计划，定期组织专业组对无功补偿装置进行巡视检查、维护、及时检修，排除故障，功率因素指标符合要求。

9）做好供电可靠率统计、分析和上报工作，制定供电可靠性工作计划，组织制定提高可靠率的措施并抓好落实。

10）提出供电区域内的电网结构化、无功补偿装置，改善电压质量及其他降损的技术措施。

11）开展电压无功管理工作，做好电压合格率、无功管理统计、分析工作。

## 7. 营销管理员岗位职责及工作标准

### 7.1 岗位职责

1）负责组织贯彻落实上级公司、主管部门制订的电力营销管理工作规程、标准、制度。

2）负责组织完成上级主管部门下达的营销类指标。

3）负责组织开展电费抄（补抄）表、收费、欠费催收和停复电工作。

4）负责组织开展低压业扩报装全过程和高压业扩报装的受理、传递、收费和答复工作。

5）负责组织开展计量、采集设备的全寿命周期管理。

6）负责组织开展用电检查、营业普查和反窃电工作。

7）负责组织进行电力市场开拓工作。

8）负责组织进行用电宣传工作。

9）负责组织开展营销优质服务工作，查核营销类投诉。

10）负责各种营销信息化系统深化应用。

11）负责对本所员工进行营销技术指导和培训工作。

12）负责营销指标的监控、统计、分析工作。

13）负责开展电能替代、电动汽车充换电、分布式电源、电子服务渠道应用等新型业务。

14）完成领导交办的其他工作任务。

## 7.2　工作标准

1）监督各专业班组认真执行上级有关业扩报装和变更用电工作的政策和规定，杜绝业扩和变更用电工作中违规事件的发生。

2）定期组织相关人员检查电价政策及分类电价执行情况，做好售电平均电价的分析工作。

3）制定用电检查工作计划，并组织专业班组认真实施。

4）每月完成电能计量装置的资产出入库管理并上报需求计划，及时、准确上报计量相关报表，及时安排采集设备调试。

5）组织与新增、变更用电业务客户签订供电合同，明确供用电双方的责任、权利产权分界、计量方式和电费结算方式等。

6）根据上级下达的线损指标，按分线、分压、分台区的要求把线损指标分解到人。每月对线损指标完成情况进行统计分析，发现问题，制定降损措施，督促限期解决。制定线损考核办法，每月对线损责任人的工作完成情况进行考核。每年组织一次低压线损理论计算，对电力设施及用电情况变化较大的提取及时进行线损理论计算。

7）负责组织对本所的营销工作的考核管理，及时提报对班组营销工作的考核意见。

8）每月协助所长召开经济活动分析会，提供售电量、行业用电结构、售电平均电价、线损率、电费回收等各项经济指标分析资料，督促落实各项改进经济指标的措施。

9)负责职责范围内客户服务专业管理、报表统计及分析等工作。

10)负责对客户服务相关指标的监控,并做好分析总结工作。

11)定期监督、检查供电服务规范执行情况。督导班组员工规范服务言行,做好优质服务工作,不发生经调查属实的客户投诉。

12)根据职责,收集、反馈优质服务常态运行机制实施过程中的情况和问题,并提出改进建议。

13)积极应用"互联网+营销服务"成果,负责开展精准营销和个性化服务,提升客户体验,助推农村供电服务转型。

14)每月完成各种营销基础资料的归档工作。

## 8. 综合业务班班长岗位职责及工作标准

### 8.1 岗位职责

1)贯彻执行国家有关电力方针、政策、法律、法规和上级公司、主管部门制定的各项规章制度。

2)完成上级下达的安全生产、经营管理和党风廉政目标。

3)负责制定本班的工作计划,并组织实施。

4)负责对本班人员绩效评价和考核。

5)负责联系管理人员、协调与其他班组的配合工作。

6)严格执行上级有关财务和资金管理制度,遵守财经纪律。

7)负责组织开展低压业扩报装及新型业务的受理、传递、方案答复、业务收费、合同签订、资料归档和业务回访。

8)负责组织开展高压业扩报装的受理、传递、答复和业务收费。

9)负责组织开展低压客户档案管理以及高压客户资料的收集和上交。

10)负责组织开展电表数据采集监控、报表统计上报。

11)负责组织开展电费收取、资金交存、收费对账及代收费管理。

12)负责组织开展电费差错的查核、申报。

13)负责组织开展电费发票的领用、发放、回收和上缴。

14)负责营业厅日常管理。

15)负责组织备品备件的保管、发放、盘存及废旧物资的回收和上缴等工作。

16)负责乡镇供电所综合业务监控平台和其他相关系统的在线监控工作,组织开展抢修值班工作。

17)组织配合查核处理客户投诉。

### 8.2 工作标准

1)贯彻执行国家和上级颁发的有关法律法规、政策、标准和公司相关规定,协助所长组织本所规章制度和管理流程的制订、修改、完善与实施。

2）组织对上级下发的各类文件、通知,对本所各类内部管理制度、技术台账资料、原始资料的收集、整理、更新、归档工作。

3）制定本所员工教育培训计划和年度计划并组织实施,组织员工参加上级举办的各类专业培训、技能竞赛,负责实训室的日常管理。

4）协助所领导组织开展消防安全隐患排查治理工作,组织本所消防安全宣传教育和培训。组织对驾驶人员开展日常交通安全教育和本所使用车辆的车况进行日常检查。落实防盗、防火、防破坏、防治安灾害事故等工作,组织开展日常检查,并落实隐患整改。

5）加强仓储设备材料管理,组织物资需求上报、出入库、物资盘点及余料、废旧物资管理。

6）协助专业部门做好信息通信设备的缺陷排查,组织实施运维工作。采取有效的管理措施,保护网络中的信息安全。

7）组织全员绩效管理办法的制定修改与执行,负责全员绩效管理系统数据检查、统计、分析、上报和员工绩效沟通面谈工作。

8）负责综合业务监控室管理,组织各类指标的统计分析,负责本所全业务工作质量管控,承接上级部门业务要求,对其他班组的工作进行督促、检查、考核。

9）负责对营业厅标准化建设和规范化运营工作进行统一管理。

10）负责本所环境卫生、文明生产、食堂管理等工作。负责公共设施维修、维护,办公用品劳保用品的领用、更换等后勤管理工作。

11）协助所长做好本所优质服务品牌管理和文明班组创建。

## 9. 综合柜员岗位职责及工作标准

### 9.1 岗位职责

1）全面受理高、低压新装、增容、业务变更、报修、交费、咨询等各项业务。

2）负责低压业扩报装的受理、传递、方案审核、答复、业务收费、合同签订、资料归档和业务回访。

3）负责高压业扩报装的受理、传递、答复和业务收费;

4）负责低压客户档案管理以及高压客户资料的收集和上交。

4）负责电费收取、资金交存、收费对账及代收费管理。

5）负责智能交费、业务线上办理、电能替代、电动汽车充换电、分布式电源等知识宣传和业务办理工作,引导客户线下业务向线上转化。

6）配合推广"电 e 宝"企业电费代收、居民电费代扣、扫码支付、电子账单、电子发票等功能应用。

7)负责营业厅服务工作。

## 9.2 工作标准

1)根据班组下达的各项工作任务,规范开展作业,确保按时、保质、保量完成。

2)开展营业业务实施。

3)开展营业业务受理,指导客户填写相关申请资料,审核客户提交的资料,审核合格后及时录入营销系统形成电子工作单。

4)根据营销系统业扩流程收费标准,通知客户交费并收取各类费用。

5)打印供电方案答复单,并及时通知客户签收。

6)根据客户业扩类别,及时告知客户受电工程各环节注意事项和要求。

7)根据客户业扩流程进展,及时提醒客户办理相关送审、报验手续并提供相关资料。

8)受理客户受电工程图纸送审、中间检查报验、系统接入和竣工报验等环节资料并审核资料完整准确性。

9)在规定时限内及时完成营销系统中的相关流程处理工作。

10)做好电费收取、增值税发票开具、电费充值卡销售、预付费电能表预购电客户、负控装置(智能电表)预购电客户的售电及预购电明细单打印等日常业务工作。

11)做好客户档案资料的收集、整理、归档及维护工作。

12)按照要求统计、汇总各类营业业务报表数据,并及时上报班长。

13)收集、反馈营销服务中出现的新情况、新问题并提出相应的改善建议。

14)配合做好电力优质服务、安全用电知识宣传和客户满意度调查工作,指导客户安全、规范、合理用电。

## 10. 仓库保管员岗位职责及工作标准

### 10.1 岗位职责

1)负责三库(表库、备品备件库、工器具库)管理工作,做好各类物资材料的定额管理工作。

2)做好安全工器具室、生产工器具室的出、入库管理工作,保证材料出、入库与项目、抢修等工作闭环。

3)做好三库的防火、防盗、防潮等工作,提出库房改造的合理化建议。

4)做好废旧物资回收和检修退料等工作。

5)负责完成上级安排的其他工作任务。

### 10.2 工作标准

1)做好本所到库物资的外观验收、数量核对工作。

2）负责本所营销、生产等各类设备、物资、材料、工具的库房管理,完善相关台账、记录。

3）物资入库时,核查到货物资材料的单位、型号、数量等,确认无误后,应填写入库单,即时更新物料卡片,登陆物资管理平台进行入库过账。物资出库时,应核对物资种类、规格、数量与领料单,填写实发数量,确认无误后发货出库;即时更新物料卡片,登陆物资管理平台进行出库过账。

4）根据物资材料出入库制度,物资材料的出库需经领导批准,不得随意领用。审核领用人的领用条件,对不符合领用规定者,有权拒绝领用。填写"领料单",登记领用人的单位部门、姓名、领用时间、领用的物材料名称以及领用数量。应每三个月组织盘点一次仓库物资,根据盘点情况如实填写盘点表,所长签字。对存在盘点差异的物资,应分析差异形成原因,报所长同意后调整物料卡片、物资管理平台台账。

5）应对废旧物资品种、规格、数量与废旧物资回收单进行核对,确认实际回收数量,双方签字确认后入库,即时更新物料卡片,登陆物资管理平台进行入库过账。

6）对超过规定存放期限或不符合使用要求的物资,每季编制汇总清单提交所长。

7）做好乡镇供电所物资仓库和办公场所的卫生工作,保持库容库貌和环境整洁。

## 11. 档案管理员岗位职责及工作标准

### 11.1 岗位职责

1）负责客户档案的收集、整理、存档。

2）负责档案资料的调阅、借阅,并做好保密工作。

3）认真做好档案保管工作,定期检查档案,维护档案的完整与安全。

4）对所保存的档案资料进行科学的整理和保管,以方便查阅。

### 11.2 工作标准

1）对上级颁布的各种法令、规程、标准的收集、整理、归档工作。

2）对上级下发各类文件、通知的收集、整理、归档工作。

3）对乡镇供电所各类内部制度、技术台账资料、原始资料的收集、整理、归档工作。

4）建立乡镇供电所基础标准目录,建立完善计算机检索查询标准。

## 12. 核算员岗位职责及工作标准

### 12.1 岗位职责

1）负责与综合柜员进行收费对账。

2)负责电费差错上报。

3)负责发票领、发、回收及保管。

4)负责薪酬、津贴发放。

5)负责费用报销。

6)牵头开展员工考核工作。

## 12.2　工作标准

1)负责做好本所绩效管理和人力资源管理工作,负责全员绩效管理系统数据检查、统计、分析、上报。

2)负责跟踪分析各类指标完成情况,及时向所长提出指标提升建议,对月度同业对标开展情况提出考核建议。

3)协助开展班组管理工作和各类活动创建,提升班组管理水平。

4)按时上报其他相关报表、数据,提供各专业岗位所需的相关资料。

5)落实日常考勤管理,做好每月考勤统计、上报工作。

## 13. 后勤管理员岗位职责及工作标准

### 13.1　岗位职责

1)负责食堂管理。

2)负责环境卫生管理。

3)负责接待管理。

4)配合做好办公用品的领取、发放、管理和维护。

### 13.2　工作标准

1)做好乡镇供电所环境卫生、文明生产和食堂后勤等工作。

2)做好后勤管理工作,配合做好福利用品发放等工作。

3)协助做好本所优质服务品牌管理和文明班组创建工作。

## 14. 综合业务监控员岗位职责及工作标准

### 14.1　岗位职责

1)贯彻执行国家和上级颁发的有关法律法规、政策、标准和公司相关规定。

2)负责乡镇供电所综合业务监控平台和其他相关系统的在线监控工作。

3)完成异常数据、指标的收集、下派、分析和后续跟踪及闭环工作。

4)完成所长及上级主管部门布置的其他各项工作。

### 14.2　工作标准

1)落实乡镇供电所综合业务监控平台的日常监视,负责各类异常的催办、督办流程的操作。

2)接收上级发出的异常及预警信息等指令,按照专业、快速、全面的原则,及时进行人员派发、工单回复、设备消缺等工作。

3)负责供电所运营指标日常监控,包括指标完成值、数据异常值等数据进行登记,定期开展指标变化情况统计分析,为供电所指标提升提供数据支撑。

4)依托信息系统,监控安全生产营销服务等运营指标,发现异常及时通知人员进行处理。

5)对监控到的异动或问题,进行初步判断与评估,按照指标性质影响范围紧急程度,采取不同的应对措施,对无法进行处理或一时难以解决的问题,要及时向所长或上级监控室汇报,跟踪做好整改落实工作。

6)在规定的时间内,及时向供电所和上级部门积极反馈工作完成情况或未完成原因。

7)完成 95598 各类非故障工单和外协工单的接收、派发、跟进、反馈等工作,并符合上级时限、规范性等要求。

8)负责本区域内配网故障信息反馈,并符合上级时限、规范性等要求。

9)配合做好有关业务数据统计、报表编制工作。

10)配合相关部门做好人员优质服务常态运行的考核工作。

## 15. 客户服务班班长岗位职责及工作标准

### 15.1　岗位职责

1)贯彻执行国家有关电力方针、政策、法律、法规和上级公司、主管部门制定的各项规章制度。

2)负责完成上级下达的安全生产、经营管理和党风廉政目标。

3)负责制定本班的工作计划,并组织实施。

4)负责对本班人员绩效评价和考核。

5)负责联系管理人员、协调与其他班组的工作。

6)负责组织开展公变、专变及低压客户的抄(补抄)表、催收和欠费停复电工作。

7)负责组织开展所辖低压配网设备检修消缺、故障抢修、验收等工作。

9)负责组织开展计量装置和采集设备的日常巡视、故障申报。

10)配合开展用电检查和反窃电工作。

11)负责落实低压线损管理措施。

12)参与开展低压电网新建、改造项目的需求申报以及工程的民事协调。

13)负责建立健全低压配网设备相关运维资料,收集客户信息资料。

14)负责组织业扩报装现场工作、计量装置和采集设备的装拆及异常查核处理等工作。

15)组织配合电压、负荷、功率因数等异常的查核处理;配合查核处理客户投诉。

16)组织参与低压电网新建、改造工程验收。

## 15.2 工作标准

1)落实班组日常管理工作,对工作开展情况进行检查、指导。

2)组织做好班组工作台账、图纸、相关记录等基础资料。

3)对供电服务业务和班组考核指标管控,落实绩效考核。

4)编制及审核班组各类相关报表,做好有关专业分析工作。

5)落实低压供用电合同管理,监督合同的签订、续签和存档。

6)落实电费抄表收费管理,下达抄表计划,对抄表过程进行管控。

7)落实用电采集系统建设和运维工作,确保系统运行正常。

8)开展营业普查以及违约用电、反窃电检查等工作,规范用电管理。

9)组织开展低压客户工程项目的现场查勘、供电方案制定、竣工验收等工作。

10)开展台区线损管理工作,明确台区线损管理责任人。

11)每季度组织进行一次对线路及配电设备的安全巡视检查,必要时,进行特殊性巡视检查。

12)按要求组织开展配变负荷实测工作,提供责任区内的供电台区改造计划。

13)组织对故障剩余电流保护装置进行及时更换,对到期剩余电流保护装置制定轮换计划及定期进行到期轮换工作。

14)根据消缺计划,消缺实施意见,落实缺陷整改,对重大需紧急处理的缺陷,应及时向乡镇供电所所长汇报,以便及时组织处理。

15)建立健全供电区域内的供电设施资产台账,落实备品备件管理的相关规定,按规定执行备品备件领退手续,满足事故抢修的需要。

16)组织实施辖区内故障抢修工作,及时反馈抢修进度。

17)开展供电区域内低压工程的计划上报、前期勘查、进度管控,参与工程交底、阶段性检查及验收工作。

18)掌握和挖掘电能替代潜在业务,宣传电能替代技术。

19)协助所部排摸可建设充换电设施的潜在场所,配合开展政策处理,开展充换电设施的运维。

20)做好低压光伏发电等分布式电源并网服务和全过程管理,组织做好日常安全检查、电量抄读核对等工作。

21)组织做好辖区内的优质服务工作,按要求完成电子服务渠道的推广应用。

### 16. 台区客户经理网格化服务小组长岗位职责及工作标准

#### 16.1　岗位职责

1）贯彻执行国家有关配电营业运行管理等方面的方针、政策、法规及上级下达的文件决定,并有宣传和监督执行的责任。

2）按照供电所生产经营目标的要求,全面按质保量地完成本网格小组各项指标和运维工作任务。

3）根据小组成员技能水平、身体机能和健康状况,确定网格小组成员分工,对小组成员派发工作,监督小组成员遵守安全规程。

4）负责督促本小组成员的日常工作执行情况。

5）做好供电所安排的其他临时性工作。

#### 16.2　工作标准

1）熟悉辖区内配网线路设备型号、位置和数量,掌握电网设备运行状况,及时分析配电运行和营销业务的安全、经济、质量等情况,提出改进措施。

2）牵头做好网格内的台区客户经理相互支援配合,协同开展设备检修、用电检查、计量装置装拆、调试等须多人进行的工作。

3）负责对辖区内配网及设备缺陷（隐患）提出针对性整改措施,并做好安全防控、预控工作。

4）负责做好辖区内设备的巡视检查,测温测试工作记录,及时录入相关信息并存档。

### 17. 台区客户经理岗位职责及工作标准

#### 17.1　岗位职责

1）负责分管区域公变、专变及低压客户的表计补抄、电费催收和欠费停复电工作。

2）负责分管区域低压配网设备巡视、检修消缺、故障抢修、验收等工作。

3）负责分管区域计量装置和采集设备的日常巡视和故障申报。

4）配合分管区域用电检查和反窃电工作。

5）负责分管区域低压线损管理。

6）参与分管区域低压电网新建、改造项目的需求申报以及工程的民事协调。

7）负责收集低压配网设备相关运维资料,收集客户信息资料。

8）负责分管区域低压配网设备运维报告和记录管理。

10）配合分管区域业扩报装现场工作、计量装置和采集设备的装拆及异常查核处理等工作。

11）配合分管区域电压、负荷、功率因数等异常的查核处理。

12)配合分管区域查核处理客户投诉。

13)参与分管区域低压电网新建、改造工程验收。

14)做好供电所安排的其他临时性工作。

## 17.2 工作标准

1)认真贯彻执行国家有关安全生产的方针、政策、法律法规和电力行业的有关安全生产的规程,标准和制度,全面落实安全生产责任制。

2)按照供电所月、周工作计划安排,做好各项工作的执行落实,确保完成各项经营指标和工作任务。

3)定期参加供电所组织的安全周例会、所务会等各类会议,做好节假日和重要活动期间的安全供电工作。

4)定期开展网格内配网设备、计量表记巡视检查、维护检修,对发现的缺陷和隐患制定措施及时消除,并做好记录和上报工作。

5)做好个人生产工器具的保管、检查和维护。

6)熟悉网络内所辖线路设备的运行状况,掌握电力相关规程、规范和标准、具备配电运维抢修、营销业务扩展和优质服务的基本能力。

7)定期对剩余电流动作保护器进行检查测试,并作好记录,督导客户正确安装、使用末级剩余电流动作保护器。

8)负责办理辖区内低压业扩工作,包括低压客户新装、增容、客户用电性质变更、迁移和临时用电、低压供电合同签订等。负责分管区域公变、专变及低压客户的补抄、电费审核、催收和欠费停复电工作。

9)履行所辖区责任区域台区客户经理的工作职责,负责低压配变台区线路设备的运行维护、设备检修、缺陷处理、事故抢修等生产管理工作。配合做好线损管理、用电采集系统建设、用电检查、优质服务等工作。

10)开展管辖范围内低压用户电量电费一级复核工作,并对发现的异常情况即时开展核实。

11)开展管辖范围内低压用户电费通知单的送达工作。

12)开展管辖范围电费收费工作。

13)开展现场抄表发现的窃电、违约用电等用电异常行为上报工作,并开展现场取证工作。

14)开展管辖范围内低压用户电费差错的核查和认定工作。

15)开展职责范围内电能计量装置及配套设备的装、拆、移、换、维护及故障处理等工作。

16)开展职责范围内用电信息采集设备新建安装调试、拆除、更换、故障检修、缺陷处理等运行维护工作。

17) 开展低压用户停(复)电工作。

18) 参加班组科技攻关、QC 小组活动、节能等攻关活动。

19) 参与执行电能替代、电动汽车充换电、服务分布式电源客户、推广电子服务渠道应用等新型业务。